E-Book inside.

Mit folgendem persönlichen Code
können Sie die E-Book-Ausgabe
dieses Buches downloaden.

3r65p-6ybh0-
18801-rn2en

Registrieren Sie sich unter
www.hanser-fachbuch.de/ebookinside
und nutzen Sie das E-Book
auf Ihrem Rechner*, Tablet-PC
und E-Book-Reader.

Der Download dieses Buches als E-Book unterliegt gesetzlichen
Bestimmungen bzw. steuerrechtlichen Regelungen, die Sie unter
www.hanser-fachbuch.de/ebookinside nachlesen können.
* Systemvoraussetzungen: Internet-Verbindung und Adobe® Reader®

Schmid

Das Piratenprinzip

Manfred Schmid

Das Piratenprinzip

Das Geheimnis für Erfolg und Karriere

HANSER

Der Autor:
Manfred Schmid, Peiting

Print-ISBN 978-3-446-45524-5
E-Book-ISBN 978-3-446-45693-8
epub-ISBN 978-3-446-45844-4

Bibliografische Information der Deutschen Nationalbibliothek:
Die Deutsche Nationalbibliothek verzeichnet diese Publikation in der Deutschen Nationalbibliografie; detaillierte bibliografische Daten sind im Internet
über <http://dnb.ddb.de> abrufbar.

© 2018 Carl Hanser Verlag GmbH & Co. KG, München
www.hanser-fachbuch.de
Lektorat: Lisa Hoffmann-Bäuml
Herstellung und Satz: le-tex publishing services GmbH
Coverrealisation: Stephan Rönigk
Druck und Bindung: Friedrich Pustet GmbH & Co. KG, Regensburg
Printed in Germany

Vorwort

In diesem Buch geht es nicht um Männer mit Säbel und Augenklappe. Vielmehr geht es darum, was wir heute von historischen Piraten lernen können. Wann, warum und mit welchen Methoden sie erfolgreich waren. Und warum Sie das gerade jetzt interessieren sollte.

Wir leben in Zeiten großer, ja dramatischer Veränderungen: Es sind Zeiten des Umbruchs und des Aufbruchs. Veränderungen beschleunigen sich in einem Maß, wie es die Menschheit bisher noch nicht erlebt hat.

Im Piratenprinzip erfahren Sie, wie Sie persönlich und geschäftlich die Möglichkeiten, die sich Ihnen bieten, erkennen. Und wie Sie das, was kommt, nutzen können wie ein Pirat: Hart am Wind segeln und das Beste herausholen.

Das Vorgehen historischer Piraten ist auf unser heutiges Leben übertragbar. Konzentriert, schlank, schnell, risikobereit, unberechenbar, radikal – mit diesen sechs Prinzipien werden Sie geschäftlich und privat erfolgreich sein!

Diese Prinzipien der Piraten zeigen Ihnen, wie Sie das Beste für sich, für Ihren Bereich, für Ihr Thema herausholen. Mit den Piratenprinzipien sind Sie konsequent Ihrem eigenen Nutzen verpflichtet!

Ich wünsche Ihnen viel Freude und Erfolg mit Ihrer persönlichen Seekarte durch die Untiefen im Business- und Privatleben.

Peiting, Herbst 2018

Manfred Schmid

Inhalt

Auf große Kaperfahrt gehen 1

Sind Sie bereit? 1

Was bedeutet Piraterie? 4

**1   Piratenprinzip „konzentriert" –
das Fernrohr ausrichten** 33

Immer nur ein Thema 34

Pareto-Prinzip und Piraten 58

Immer ein Mann im Ausguck 65

**2   Piratenprinzip „schlank" –
Ballast abwerfen** 71

Mit dem piratischen „lean" wendig werden 72

So einfach wie möglich 73

Ein Drittel vom Besten 84

**3   Piratenprinzip „schnell" –
wer zuletzt kommt…** 95

Die Perfektion der Schnelligkeit: Sofort 96

Auf Intuition vertrauen und den Goldschatz im Visier
behalten 105

4   Piratenprinzip „risikobereit" –
     wer wagt, gewinnt 115

Das Glück des Tüchtigen 116

Mutige leben besser 127

Das größere Ertragsversprechen 134

5   Piratenprinzip „unberechenbar" –
     Überraschung nutzen 139

Das Wesen der Unberechenbarkeit 140

Frechheit siegt 148

Die Navigation der Kompetenzen 155

6   Piratenprinzip „radikal" –
     ein bisschen entern geht nicht 163

Geradlinig und konsequent 164

Frei denken 169

Meine Regeln, ihre Konventionen 183

Was macht der Pirat mit Regeln? 192

Auf zur Insel 197

Die eigene Insel finden 197

Zeit, ein kostbares Gut 200

Im eigenen Rhythmus bleiben 201

Von Pausen und Müßiggang 202

Glossar 207

Index 219

Der Autor 221

Auf große Kaperfahrt gehen

Sind Sie bereit?

 Bevor es mit den Piratenprinzipien auf große Kaperfahrt geht, müssen Sie reisefertig sein. Was genau ist es, das Sie brauchen, um mit Piratenstrategien erfolgreich zu sein? Sie selbst müssen der Pirat werden. Es geht darum, was Sie selbst tun, nicht darum, wie Sie Ihre Organisation zum Piratenschiff umbauen, sondern wie Sie selbst als Pirat agieren. Handeln Sie wie ein Privatpirat – im Privaten und im Business.

Die aktuelle technische Revolution, die ständige Erreichbarkeit und Verfügbarkeit von Wissen, die mühelose Überwindung von Grenzen, das alles ist noch nie da gewesen und macht diese Zeit zur schnellsten Zeit in der bisherigen Menschheitsgeschichte. Dieser Aufbruch in eine neue Welt ist noch ungeregelt. Vieles ist neu. Alte Strukturen werden abgelöst. Seien Sie dabei und sehen Sie rechtzeitig hin!

Mit den Piratenprinzipien können Sie das Beste herausholen, unabhängig von Antrieb, Moral oder sozialen Beweggründen. Für Ihren Erfolg, Ihre Ideen, Ihre Projekte.

Als Privatpirat verändern Sie nicht den Lauf der Welt und bekommen dafür Anerkennung. Piraten fordern Autoritäten nicht aus ideologischen Gründen heraus – im Gegenteil, sie versuchen, möglichst unerkannt vorbeizusegeln (Durand/Vergne 2010). Sie werden kein Held, Revolutionär oder Kämpfer gegen das System. Der Privatpirat ist, wie seine historischen Vorbilder, nur dem eigenen Nutzen verpflichtet. Wirtschaftliche und soziale Strukturen werden nicht geändert, sie werden genutzt. Der Pirat ist der Free Rider im bestehenden System. Piraten minimieren ihre Kosten und maximieren ihren Gewinn, die Rechnung zahlen andere. Solange ein Markt funktioniert, geht das auch für den Piraten gut. Er schöpft den Rahm ab und bringt Leben in den Markt.

Der Einzelne, das Individuum, hat heute Chancen wie noch nie. Sie sind so frei in Ihrem Umfeld, in Ihrer Organisation, wie es nicht einmal die Piraten auf den Schiffen des 16. und 17. Jahrhunderts waren.

Sie müssen keine Piratenorganisation sein, um erfolgreich wie ein Pirat zu agieren. Es geht nicht nur ums Geld oder den Erfolg von Unternehmen und Organisationen. Es geht um Sie selbst und wie Sie Ihren persönlichen, nicht nur finanziellen, Gewinn als Pirat maximieren können.

Der Pirat eignet sich sehr gut, um ihn als Bild in den Alltag mitzunehmen. Nutzen Sie die plakative Symbolkraft der alten Haudegen. Führen Sie sich das eine oder andere Prinzip schnell vor das geistige Auge. Fragen Sie sich, wie ein Pirat in diesem Augenblick agieren würde. Die Umsetzung mit allen Konsequenzen gleichen Sie mit Ihren persönlichen Maßstäben und Werten ab, und ob es dabei zu einem anderen Vorgehen kommt, wird sich zeigen.

Sie entscheiden, wie Sie sich in dieser Situation verhalten:

- angepasst, da es in diesem Augenblick die ressourcenschonende Variante ist,
- frech, also kreativ anders, wie der Pirat sagen würde,
- unverschämt, weil Sie die Konventionen der anderen nicht achten.

Auf jeden Fall ergeben sich ein anderer Blick auf die Umgebung und deren Motivation sowie neue Ideen und Handlungsalternativen. Lassen Sie die Analogie wirken und Ihr Leben bereichern.

Ihre Ziele müssen die eines Piraten sein, um von dieser Art Vorgehen zu profitieren. Sitte und Anstand sind nichts, an das Sie glauben müssen. Vielmehr würden Sie solcherlei Werkzeug als Pirat zu Ihrem Vorteil benutzen.

Piraten waren in unterschiedlichen Phasen in der Geschichte erfolgreich. Daher stellen sich die Fragen:

- Unter welchen Rahmenbedingungen liefen ihre Geschäfte am besten?
- Mit welchen Methoden holten sie die größte Beute?
- Warum ist die Gegenwart eine wahre Piratenzeit?
- Welche Piratenstrategien kann man heute persönlich umsetzen?

Auf derartige Fragen gibt das Piratenprinzip Antworten. Es zeigt uns die zum Teil unmoralischen Möglichkeiten des modernen Privatpiraten. Die Piratenchancen heute stehen den historischen um nichts nach.

Wollen Sie diese Chancen nutzen? Wollen Sie Segel setzen und sich von Ballast frei machen, um weiter zu kommen als andere und ganz neue Ufer zu betreten? Dann haben Sie hiermit die Erlaubnis, an Bord kommen zu dürfen. Mast- und Schotbruch!

Essenz

- Der Privatpirat handelt als Individuum, nicht als Piratenorganisation.
- Das Bild des Piraten transportiert erfolgreiche Prinzipien in Ihren Alltag.
- Wir alle folgen einem gesellschaftlichen Verhaltenskodex. Lassen Sie ihn hinter sich.
- Machen Sie sich unabhängig von Moral und gesellschaftlichen Beweggründen, handeln Sie aus Ihrer eigenen Motivation heraus.
- Das Piratenprinzip ist eine Anleitung zum Free Riding.

Was bedeutet Piraterie?

Die Charakteristiken der Piraterie zeigen sich abseits von Augenklappe und Totenkopfflagge. Denn viele Piraten wurden einfach gut geführt, waren klar strukturiert, Meister unkonventioneller Methoden und damit erfolgreich. Nur wenige Piraten waren wirkliche Kriminelle. Die meisten haben einfach nur eine günstige Gelegenheit genutzt und waren mutig genug, sie wahrzunehmen.

Historische Piraterie weist systematische Ähnlichkeiten mit heute erfolgreichen Strategien für Sie und Ihr Business auf.

Piraten sind unkonventionell

Konventionen sind die als Norm anerkannten gesellschaftlichen Regeln. Man geht nach den Regeln vor, löst die Probleme altbewährt und wickelt die Geschäfte eingespielt ab.

Dagegen spricht erst mal nichts. Aber sieht Ihr Alltag wirklich so aus?

Die Piraten waren zumeist Rahmenbedingungen ausgesetzt, die ein konventionelles Vorgehen nicht ermöglichten. Für Piratensender war es in Großbritannien bis in die 1970er-Jahre nicht erlaubt, zu senden. Ein regulärer Handel im Atlantik war im 16. Jahrhundert aufgrund der spanischen Sonderrechte nicht möglich.

Piraten wählen unkonventionelle Methoden. Piraten setzen sich dabei über Regeln hinweg. Oft geht es dabei um Regeln, die Gewohnheiten, nicht Gesetze sind. Historische Seepiraten brachen das Gesetz, eine gesellschaftlich hinlänglich akzeptierte Konvention. Auf das Brechen von Regeln stehen immer Sanktionen. Wenn man das Gesetz bricht, sagt ein Gesetzbuch, welche Sanktion für diesen Konventionsbruch verabreicht wird. In der Seepiraterie des 16. und 17. Jahrhunderts war dies zumeist der Tod.

Dass es sich auch bei Gesetzen um Konventionen handelt, lässt sich am Beispiel der Freibeuter zeigen. Sie fuhren unter der Flagge eines Landes, das ihnen einen Kaperbrief ausstellte, ihnen also erlaubte, in fremden Gewässern Beute zu machen. Sie nahmen es mit der nationalen Flagge allerdings nicht immer so genau. Als Mittel der Abschreckung wurde oftmals auch der Jolly Roger, die schwarze Flagge mit dem Totenkopf, gehisst. Die Kaperfahrt war einerseits nationale Aufgabe, ein Kriegsdienst, und andererseits private Beutefahrt. Die Konvention, nicht gegen Gesetze zu verstoßen, ist schon hier dahin. Nun gab es für Einzelne eine Ausnahme, die Gesetze zu brechen, die eigentlich unantastbar sind. Das Eigentum anderer zu nehmen war mit dem Kaperbrief umgewertet, legalisiert.

Das Verlassen der Konvention führte zu allerlei lustigen und merkwürdigen Verhedderungen im Selbstbild solcher Freibeuter: Von einem französischen Freibeuter von höherer Geburt, De Lussan, wissen wir, dass er seine Piraten nach der Einnahme einer Stadt noch vor den Plünderungen immer in die heilige Messe führte. Damen behandelte er zuvorkommend, und von sich selbst behauptete er, ein Mann der höchsten Prinzipien zu sein (Meine 2015). Er hielt also an so einigen Konventionen fest, die ihm gefielen. An anderen wieder nicht, die ihm im Weg standen. So tat er es seiner Regierung gleich, die ihn mit dem Kaperbrief ausgestattet hatte.

Das unkonventionelle Handeln wird auch dem berühmten Henry Morgan als Fähigkeit nachgesagt. Er wurde von England mit dem Kaperbrief ausgestattet und bewegte sich auf der Linie zwischen Legalität – verliehen von England – und Piratentum. Wenn es für ihn hart auf hart kam, zog er sich stets auf seine Legitimierung zurück, ansonsten machte er vor Südamerika seine eigenen Geschäfte.

Bei seinem Angriff auf Panama 1671 nutzte er die Schwerfälligkeit der verteidigenden Spanier aus (Meine 2015). Diese hatten die Kanonen gegen die Piraten dorthin ausgerichtet, woher sie den Angriff erwarteten. Doch Morgan sah dies voraus. Er ließ 1200 Männer den Marsch über Land antreten und griff von unerwarteter Seite an, die schweren Geschütze der Spanier konnten ihm und seinen Männern nichts anhaben (Neuhold 2013). Die Einnahme des reichen Panamas und die gigantische Beute waren Grundlage für seinen Ruhm als Held in England. Die fette Beute brachte er schließlich nach Port Royal, Jamaika, in Sicherheit. Morgan war einer der wenigen Piraten, die es verstanden, dem riskanten Lebensstil auf einem Kampfschiff rechtzeitig fernzubleiben. Er starb erst mit 53 Jahren, geadelt und als Vizegouverneur von Jamaika, vermutlich an seinem übermäßigen Alkoholgenuss.

 Konventionen sind das, was die Mehrheit als richtig ansehen würde. Piraten aller Zeiten sind erfolgreich damit, Konventionen zu brechen. Das bedeutet nicht zwangsläufig, das Gesetz zu brechen.

〰 Guerilla-Marketing

Diese Marketingform nutzt die Strategie des kalkulierten Tabu- und Konventionsbruchs erfolgreich. Jay C. Levinson prägte den Begriff Mitte der 1980er-Jahre und definierte, dass es sich um ungewöhnliche Werbemaßnahmen handeln sollte, die mit geringen Mitteln eine große Wirkung erzielen. Große Wirkung erzielt man, wenn man Menschen überrascht. Und wer Konventionen bricht, überrascht, weil das Befolgen von Konventionen selbstverständlich ist. Die Firma Virgin Holidays verteilte in und um London rote Koffer, die sie öffentlich zugänglichen Statuen an die Seite stellte. Auf dem Koffer war das Logo der Firma zu sehen. Eine Guerilla-Marketing-Aktion, die in die Lehrbücher Eingang gefunden hat.

Guerilla Marketing weiter gedacht: Statue von Sir Francis Drake in Plymouth „reisefertig"

Wie bei Piraten üblich kostet diese Art Werbung fast nichts, verbraucht also kaum Ressourcen, hat aber einen überdimensionalen Einfluss auf die Zielgruppe. Die wird die Aktion noch freiwillig fotografieren und weiterverbreiten. Das Ergebnis glänzt wie eine Kiste Gold, die man aus der spanischen Galeere geholt hat: unverdienter Profit. Aufwand und Nutzen bekommen bei Piratenaktionen ein neues Verhältnis.

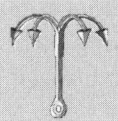 Erkennen Sie Konventionen, hinterfragen Sie diese und brechen Sie sie, falls erforderlich und sinnvoll.

Piraten sind ressourcenbewusst und fokussiert

Historische Seepiraten hatten naturgemäß nur geringe Ressourcen zur Verfügung. Die erfolgreichsten Piraten und Freibeuter jedoch waren Meister darin, mit geringen Ressourcen Großes zu erreichen. So nahm Sieur de Grammont Ende des 17. Jahrhunderts die Hafenstadt bei Caracas, La Guaira – die „Pforte zu Venezuela" –, mit nur 47 Mann seiner Crew ein (Meine 2015). La Guaira war mit zwei kanonenbewehrten Festungen versehen, was dem Städtchen gegen die Piraten allerdings nichts nützte. Die Befestigung der Stadt mag stattdessen tags darauf den Piraten gute Dienste geleistet haben, als die aus Caracas herbeigeeilten 2000 Spanier versuchten, ihre Hafenstadt aus den Händen der Angreifer zurückzuholen. Aus der nun doch brenzligen Lage konnte der Captain alle seine Männer in einem Stück und in Freiheit herausholen – mitsamt wertvoller Gefangener. So wenig brauchte es also, um so viel zu erreichen.

 Piraten erreichen mit wenig Aufwand sehr viel. Sei es im Guerilla-Marketing oder bei Piratensendern, es gilt immer: kleiner Einsatz, großer Gewinn.

Historische Piraterie war ein Unternehmen der kleinen Nadelstiche. Solange die Mächte, die angegangen wurden, in ihrem eigenen Profit nicht nachhaltig geschmälert wurden, gingen diese nicht mit absolutem Willen gegen Piraten vor.

Daher war es immer wichtig, nicht zu sehr zu wachsen, den Großen die Kosten und den Löwenanteil am Gewinn zu lassen, selbst aber mit fetter Beute vom Schauplatz zu segeln.

Piraten segeln in neuen Gewässern

Piraten finden wir in neuen, unbekannten, nicht strukturierten Bereichen. Historische Piraten in der Karibik, moderne im Cyberspace oder der Gentechnik. Die neuen, die offenen Wege ziehen Piraten an. Denn Neuland hat den Vorteil, dass es noch ungeregelt ist. Es hat noch nicht so viele Konventionen, man kann sich also freier bewegen. Solange beispielsweise in der Gentechnik Situationen auftreten, die neue Fragen aufwerfen, also nicht eindeutig geregelt sind, werden in diesem Bereich immer wieder Hasardeure, aber auch unglaubliche Möglichkeiten auftreten.

In einem ähnlichen Feld ist die Biopiraterie zu finden. Einige große Konzerne sichern sich Patente auf Pflanzen, die zum kulturellen Erbe von Ureinwohnern gehören. Das kann zu grotesken Ergebnissen führen. Es ist vorstellbar, dass Ureinwohner schließlich Lizenzgebühren zahlen müssen, wenn sie ihre eigenen Pflanzen weiterbenutzen wollen. Obwohl einige Länder wie Peru, Ecuador und Bolivien Gesetze erlassen, um gegen die Patentierung der genetischen Ressourcen des Landes vorzugehen, werden die neu entstandenen Fragen nicht gelöst, sondern sogar verschärft. Denn die Gesetze regeln nicht, wem diese genetischen Ressourcen denn nun gehören. Diese Regelungslücke macht es unmöglich, gegen Biopiraterie gerichtlich vorzugehen, weil der Geschädigte nicht definiert ist. Ein Eldorado für Piraten: Ungeschützt liegen die Schätze der Welt offen vor ihnen. Während die Welt noch streitet, wie man sie am besten schützen kann, sichern sich manche bereits die fette Beute.

Piraterie steht für Freiheit. Seewege müssen frei zugänglich sein, Datenautobahnen groß und unbeschränkt einsehbar, und im Bereich der Gentechnik sollte es keinerlei Beschränkungen der Möglichkeiten geben. Die Gesellschaft kennt den Konflikt zwischen Freiheit und Sicherheit als ein ewiges Ringen um den besten Mittelweg. Doch der Weg, den der Pirat hier einschlagen würde, ist kein Weg der Mitte.

Der Pirat wählt die größere Freiheit und nimmt gleichzeitig das größere Risiko in Kauf.

Die Blue-Ocean-Strategie von W. Chan Kim und Renée Mauborgne geht diesen Weg des Neuen und Unbekannten noch weiter. Die Autoren definieren Blue Oceans als neue, nicht besetzte Teilmärkte. Im Gegensatz dazu stehen Red Oceans als gesättigte Märkte mit ausgeprägter Konkurrenz. Um langfristig in einem Red Ocean zu überleben, muss man sich zwischen Kosten- oder Technologieführerschaft entscheiden, so führen die beiden aus, und bleibt doch gefangen in einem Haifischbecken.

∼ Cirque du Soleil

Am Beispiel des kanadischen Entertainmentunternehmens Cirque du Soleil kann man die Funktionsweise der Blue Oceans nachvollziehen. Das Unternehmen zeigt Shows im zirkusnahen Entertainmentbereich. Es verzichtet auf Vorführungen mit Tieren und hoch bezahlten Einzelartisten und setzt dagegen auf die Kombination von Unterhaltungselementen aus Ballett, Musik und Artistik. Damit entzieht es sich dem Wettbewerb des klassischen Zirkusses für Kin-

der und Familien. Der Cirque du Soleil spricht eine völlig neue Klientel an und bietet eine – im Vergleich zu einer Zirkusvorstellung – hochpreisige Alternative zu einem Theater- oder Konzertbesuch.

Die Blue-Ocean-Strategie zu nutzen bedeutet, die neuen, ungeregelten und unstrukturierten Märkte nicht nur aufzusuchen, sondern sie regelrecht zu erschaffen. Ein weiteres Beispiel ist The Body Shop.

♒ The Body Shop

Das Unternehmen, das heute an die 600 Millionen Euro Umsatz im Jahr generiert, fing als Widerstandsbewegung an. Die britische Gründerin Anita Roddick trieb Tier- und Menschenfreundlichkeit an. The Body Shop machte Kampagnen zur Rettung der Wale und gegen häusliche Gewalt. Bis heute, auch wenn das Unternehmen mittlerweile zur L'Oréal-Gruppe gehört, sind die Standards, die versuchen, Würde als Währung einzupreisen, das wichtigste Instrument zum Verkauf dieser bunten und naturbelassenen Kosmetik. Im Red Ocean der Kosmetikindustrie hat sich auf diese Weise eine „blaue Lagune" entfaltet: Kosmetik, neu gedacht, hat einen komplett neuen Markt eröffnet.

Wir sehen Formen von legaler oder illegaler Piraterie in den verschiedensten Bereichen. Besonders deutlich ist das etwa bei Firmenübernahmen und anderen M&A-Aktivitäten zu beobachten.

♒ Afrika

Aus europäischer Perspektive ist die alte Piratennation China auf lukrativem Kurs in Afrika. Während die westliche Welt Afrika noch als den Elendskontinent wahrnimmt, dem geholfen werden muss, helfen sich die Chinesen selbst.

Seit 2009 ist China der größte Handelspartner in Afrika (Lee 2017). Statt zu diskutieren und sich dabei in den eigenen Vorurteilen zu verstricken, wie das guter Brauch seit den Tagen des Sklavenhandels in Europa und Amerika ist, packen chinesische Unternehmer, und vor allem der chinesische Staat, an. Es ist ihr Schaden nicht. Europa sieht das mit Argwohn. Aber da man sich hierzulande immer noch nicht vorstellen kann, wie man ernst zu nehmenden Handel mit dem bodenschatzreichen Kontinent treiben könnte, bleibt es vorerst beim Zusehen. Für China tut sich deshalb ein ungeregelter Ort auf, ein Raum, den die Konkurrenten im Westen schlicht nicht als Markt erkennen können.

Warum eigentlich? Scheut man hierzulande das Risiko? Oder handelt es sich um eine Art Aberglauben über den „fernen" Kontinent, der uns geblieben ist? Tatsächlich ist Afrika immer noch ein ungeregelter Ort, ein Ort für moderne Piraten, die das Potenzial erkennen können.

Afrika ist nicht der einzige ungeregelte Ort in einer scheinbar durchkartografierten Welt. Immer wenn neue Technologien entstehen, tun sich neue Räume auf. Ölsand in Kanada und Rohstoffe in der Arktis sind da nur ein Abgesang auf das Ölzeitalter. Den Ewiggestrigen, die an das Ende immer noch nicht glauben, sei gesagt: Saudi-Arabien hat für sein Land bereits einen Masterplan für die Zeit nach dem schwarzen Gold entwickelt, das berichtet Wallstreet online (2016). Altbekannte Piraten werden gerade ins Boot geholt. Der saudische Kronprinz Mohammed bin Salman investierte 2017 große Summen in Virgin Galactic. Die Branson-Unternehmung will zukünftig Touristen ins All bringen. Die Saudis stehen an erster Stelle, jetzt, wo neue Ansprüche gesichert werden. Ein weiteres großes Zukunftsvorhaben nimmt in dem Wüstenstaat Gestalt an: die Zukunftsstadt Neom. Hier entsteht eine Sonderhandelszone, die spezielle Steuern und andere Grundregeln haben soll als der Rest des Landes. Man setzt auf Biotechnologie und neue Produktionsmethoden. Die Zukunftsstadt soll komplett unabhängig von veralteten Energiekonzepten sein. Autarke Energieversorgung, neue Wege beim Anbau von Nahrungsmitteln und viele weitere Visionen sollen dort umgesetzt werden. Neom ist jetzt schon eine Art Zukunftslabor. Vielleicht wird es aber auch das modernste Piratennest der Welt.

Auch der Total-Konzern warnt vor dem Ende des Ölzeitalters: eine vertrauenswürdige Quelle für diese Art Information. Es ist unbestritten, dass der Förderhöhepunkt des Erdöls überschritten ist, und es wird interessant für moderne Piraten. Welche Rohstoffe werden das Erdöl ersetzen? Wohin wendet sich der Planet? Jetzt heißt es, die Augen offenzuhalten. Die Pioniere sind bereits unterwegs: synthetische Fasern aus Hanf, Miscanthus als Brennstoff, Plankton als Ölersatz. Erdölersatz wird bereits aus Abfall, Getreide oder Milch hergestellt. Die Piraten werden im Windschatten der Entdecker segeln.

∿ Peak Oil

Auf der Webseite peak-oil.com werden Alternativen zum Öl aufgezählt. Der Forschungsstand wird evaluiert und der „Wind of Change" ist förmlich zu riechen: Die Pioniere sind auf der Fahrt. Von den Piraten ist zu diesem Zeitpunkt aber noch keiner in Sicht. Viele der vorgeschlagenen Ersatzstoffe für Öl sind alte Bekannte, die vor dem Ölzeitalter schon genutzt wurden: Hanf wurde für Kleidung und Papier benutzt. Die vielseitige, robuste und schnell wachsende Pflanze wird vielleicht zukünftig wieder eine wichtige Rolle spielen. Die FAZ berichtete 2017 vom EU-finanzierten Forschungsprojekt „Grace", das die Unabhängigkeit vom Rohöl vorantreiben soll. Hanf und vor allem das Schilfgras Miscanthus werden beforscht. Aus dem Gras lassen sich Chemikalien als Ausgangsstoffe für Kunststoffprodukte herstellen. Deshalb heißt es vielleicht bald: In dieser Strumpfhose wurde Miscanthus verarbeitet. Baustoffe, Dämmstoffe, Herbizide, Verbundstoffe, so lautet die Palette der Möglichkeiten.

Es ist nicht so selten, dass Piraten ein Territorium als neue Herrscher übernehmen. Ein Blick in die Geschichte des Fürstentums Monaco zeigt: Die Grimaldis sind die Nachfahren der Piraten, die Monaco einst als Piratenstützpunkt erobert hatten. Mit einer List hatten sie 1279 die Festung unter ihre Kontrolle gebracht und unterhielten dort einen Rückzugsort für Piraten und Raubritter. Eine lukrative Angelegenheit, wie man noch heute am Grimaldi-Clan sehen kann. So weit allerdings, dass man eigene Münzen geprägt hätte, ist man auch in Monaco nicht gegangen.

Das Münzprägerecht ist ein Privileg der neuen Zeit. Im Cyberspace, einem, was die Größe betrifft, unendlichen Raum, hat kein Staat bisher versucht, seine Flagge zu hissen. Die alten Mächte erheben noch nicht einmal Anspruch auf die neuen Räume. Auch 30 Jahre nachdem das Internet die Öffentlichkeit erreicht hat, ist allenthalben keine Ordnungsmacht in Sicht, die das Territorium beansprucht und ihren Anspruch auch durchsetzen kann. Kein Wunder also, dass am Ende Piraten die schwarze Flagge hissen. Ein Paradebeispiel für die moderne piratische Nutzung ist die Einführung einer Parallelwährung wie der Bitcoin. Auf die Art wurden Teile des Cyberspace unter den Augen des Staates faktisch für unabhängig erklärt. Aus China wird mithilfe der Cyberwährung Vermögen außer Landes gebracht. Der Bitcoin ist das Schlupfloch, durch welches das Vermögen aus dem chinesischen Wirtschaftsraum geschleust werden kann. Ein virtuelles Währungsparadies, das sowohl zwielichtige Gestalten als auch Unternehmer auf der Suche nach neuen Freiheiten anzieht. Es mutet seltsam an, dass diese „Spielwährung" so lange so wenig Aufmerksamkeit erregt hat. Schließlich ist das Prägerecht eines der vornehmsten Rechte der Ordnungsmacht. Da diese aber weiterhin dem neu entstehenden Raum Cyberspace hilflos gegenübersteht, verfestigen sich dort piratische Strukturen. Historisch eine wohl einmalige Sache unter Piraten: die Übernahme eines Territoriums mit anschließender Münzprägung.

Piraten leben eine agile Organisationsstruktur

Traditionell stellt man sich unter Piraten einen undisziplinierten, dem Alkohol zugetanen Haufen mit einer Buddel Rum auf Deck vor. Piraten waren nicht leicht zu beherrschen, auch nicht von ihrem Captain. Einige Piratenanführer werden ihren Chefposten geräumt haben, manche haben mit ihrem Leben bezahlt. Meuterei auf Piratenschiffen kam vor, und das häufiger als auf Handels- oder Kriegsschiffen. Schließlich war es auf Piratenschiffen sogar möglich, den Captain abzuwählen. Die berühmteste Geschichte eines Meuterers auf einem Freibeuterschiff ist wahrscheinlich die von „Robinson Crusoe". Den Helden des berühmten Romans von Defoe hat es tatsächlich gegeben. Er fuhr mit dem Freibeuter Dampier, der sein Captain war. Eine Meinungsverschiedenheit zwischen ihm und dem Captain führte dazu, dass dieser ihn auf der Insel Más a Tierra aussetzte, die der widerspenstige Pirat erst vier Jahre später wieder verlassen konnte. Neben diesem Stück Geschichte finden sich zahlreiche Geschichten über undisziplinierte Piraten und Führung am Rande des Zusammenbruchs.

Es zeigte sich häufiger, dass gute Führung den Unterschied machte. Piraten meuterten vielleicht häufiger und schneller als die Mannschaften anderer Schiffe. Sie waren keine einfachen Befehlsempfänger, sondern bestimmten die Führung mit. Sie waren an Beute beteiligt, keine Lohnempfänger. Und so hatten sie ein ganz anderes Interesse am Ausgang ihrer Unternehmungen und daran, wer sie anführen sollte. Wer schlecht oder ungeschickt führte, war häufig heute schon von gestern. Nicht selten auch mit dem ein oder anderen Messer im Rücken. Der neue Kapitän wurde demokratisch nach dem Prinzip gewählt: ein Mann, eine Stimme.

Es gilt auch für den modernen Piraten: Je mehr Macht die Crew hat, desto gefährlicher ist sie. Eine mächtige Crew braucht die bessere Führung. Laue, undisziplinierte, selbstsüchtige Führung, die den besten Weg zur Beute nicht mehr kennt oder nur noch dafür arbeitet, auf ihrem bequemen Stuhl sitzen zu bleiben – das kann sich eine auf diese Art ins Amt gekommene Führung nicht leisten. Auf dem Piratenschiff gilt Leistungskontrolle mal umgekehrt.

 Piraten vereinen gute Führung, Disziplin, Gewaltenteilung und Freidenkertum. Ihre Organisationsstruktur ist damit hochmodern.

Noch eine weitere Komponente moderner Gesellschaftssysteme fand sich bereits auf Piratenschiffen: die Gewaltenteilung. Auf der einen Seite war der Kapitän für den Kurs verantwortlich und mit absoluter Befehlsgewalt im Kampf ausgestattet. Er war der Mann für die kühnen und intuitiven Entscheidungen in hektischen und unübersichtlichen Situationen. Auf der anderen Seite stand der Quartiermeister. Wenn die nächste Insel mit Proviant noch einige Seetage oder möglicherweise aufgrund unzuverlässiger Winde gar Wochen entfernt war, dann war er für die Einteilung der Vorräte verantwortlich. Eine großzügige Geste mit Wasservorräten eines exzentrischen Kapitäns hätte den Tod auf hoher See bedeuten können. Das Problem, dass Führung in unterschiedlichen Situationen sich widersprechenden Anforderungen unterworfen ist, hatte so eine vernünftige Lösung. Gewaltenteilung ist aber nicht nur klug, sie sorgt vor allem auch für Fairness. Der Captain sorgte für reiche Beute. Der Quartiermeister verteilte sie gerecht.

Historische Piraten sind illegal, aber sympathisch

Wenn man historische Berichte über Piraten liest, sind diese oft sympathisch dargestellt. Dass Piraten das Gesetz nicht achten, ist bekannt. In der Regel wird ein solches Verhalten mit Sanktion geahndet und nicht mit Sympathie bedacht. Liest man aber nach, so kann man bemerken, wie häufig eine gewisse Bewunderung für die Draufgänger mitschwingt. Gewalttaten werden oft eher unbewertet beschrieben, Mitleid mit den Grenzgängern liest man allerdings auch eher selten heraus. Dennoch, immer wieder werden die Beweggründe der Piraten ins Visier genommen. Es wird unterstrichen, dass so mancher ein moralischer Pirat gewesen sei. Nicht selten sind sie das Pendant zum „edlen Wilden": Sie sind die „edlen Illegalen". Eine solch angenehme Reputation kann beispielsweise die Mafia nicht beanspruchen, wenngleich sie sich ähnlicher Methoden bedienen mag wie historische Piraten. Was ist es also, was die Piraten von der Mafia oder von Drogenkartellen unterscheidet?

Das Geheimnis der sympathischen Illegalen scheint ihre Tollkühnheit zu sein. Mit nicht viel mehr als ihrem Mut, an der bestehenden Ordnung zu rütteln, die Monopolriesen anzugreifen und die Dinosaurier der „war immer schon so"-Fraktion anzugehen. Bei diesen Aktionen sind Piraten nicht selten über die Maßen erfolgreich.

Das Vorgehen unterscheidet historische Seepiraten von der Mafia. Eine kleine Einheit geht kühn eine größere an. Das ist es, was den „kleinen" Piraten sympathisch macht: sein Draufgängerimage.

 Ein Pirat geht für ein größeres Ertragsversprechen ein höheres Risiko ein. An sich sind Piraten Unternehmer, die ein bisschen weiter – mitunter zu weit – gehen.

Wann der Beutezug Piraterie ist, entscheidet jedoch der Machtbereich. Denn wer hat das Recht, Beute zu machen? Und wer entscheidet, wer das Recht dazu hat? Das wird von denjenigen entschieden, die die Macht dazu haben. Ob das nun recht so ist oder gar gerecht, das ist mit dieser Feststellung noch lange nicht geklärt. Wer aus Tradition oder durch Ressourcen wie Soldaten, Geld, Religion oder einfach Gewohnheit der Machthaber in einem Marktsegment ist, ruft schnell: „Piraten!", wenn er herausgefordert wird. Dabei ist hart am Wind segeln zunächst einmal nicht zwangsläufig illegal.

Piraten stellen Eigentumsrechte infrage

Wer immerzu davon ausgeht, dass alles bleiben sollte, wie es ist, ist selten kreativ. Die Offenheit des Geistes ermöglicht erst, die Grenzen der Konvention zu sehen. Und nur wer diese Grenzen überhaupt wahrnehmen kann, kann Neues erschaffen. Denn nur wer weiß, dass es anders geht, kann auch anders gehen.

 Piraten sind einfallsreich und kreativ. Sie sind es gewohnt, bestehende Ordnungen herauszufordern. Sie wissen, dass Ordnung gemacht, nicht gegeben ist. Aus demselben Grund erkennen sie Besitz und Rechte nicht ohne Weiteres an.

Piraten sind zu finden, wo die Ordnungsmacht fehlt. Sie sind dort erfolgreich, wo Staaten versagen, wo gesellschaft lich verbindliche Strukturen fehlen. Heute gibt es wieder Seepiraterie, besonders am Horn von Afrika. Vor der somalischen Küste ist heute wieder Piratengebiet. Somalia ist ein „Failed State", weil es dort nicht möglich ist, funktionierende staatliche Strukturen aufrechtzuerhalten.

Dort ist besonders plakativ, was der Hauptgrund für Piraterie ist: Das durchschnittliche Pro-Kopf-Einkommen in Somalia liegt bei etwa 300 US-Dollar im Jahr. Ein somalischer Pirat dagegen erbeutet bei Erfolg zwischen 10 000 und 15 000 US-Dollar (*Spiegel* 2012). In der Studie *Treasure Mapped: Using Satellite Imagery to Track the Developmental Effects of Somali Piracy* (Shortland 2012) der britischen Denkfabrik Chatham House wird verdeutlicht, inwiefern Piraterie die Wirtschaft Somalias ankurbelt. Der bitterarme Staat profitiert in mehrfacher Hinsicht von den Piraten, die die Versorgung von vielen Menschen sicherstellen. Sie kurbeln die Bauwirtschaft an, weil sie die Einzigen sind, die es sich leisten können, zu bauen. Sie versorgen Verwandtschaft und unterstützen Bildung. Manch einer fragt sich deshalb, ob es nicht kontraproduktiv sei, gegen die Piraten überhaupt vorzugehen. Was für eine lukrative Nische. Trotzdem die Piraten Somalias für die wirtschaftliche Entwicklung des Landes nützlich sind, wird deutlich, dass die Beweggründe für Piraterie stets und auch hier monetär sind. Das meint Leeson (2009) in *The Invisible Hook*, als er sagt: „Piraten sind keine Banditen im Stile von Robin Hood. Es gilt, dass es sich lohnen muss, nur dann ist es ein Projekt für Piraten."

Historische Seepiraten waren im östlichen Mittelmeer zu Zeiten Roms zu finden, in Nord- und Ostsee im Mittelalter und seit ihrer Entdeckung in der Karibik (Neuhold 2013). Immer waren das Zeiten des Umbruchs, in denen der Staat sich noch nicht etabliert hatte oder sich zurückziehen musste. Es waren Machtvakua entstanden. Und ein Machtvakuum ist strukturell eine weiße Stelle, ein Ort ohne vorgegebene Struktur – gefährlich, aber mit großen Chancen.

Heute finden wir neben den geografischen Machtvakua noch weitere Machtvakua: in Zeiten global arbeitender Unternehmen beim Steuerrecht, bei Umweltstandards, der Gentechnik und im Cyberspace. All diese „Leerstellen" sind deshalb nicht geregelt, weil der Grad der Globalisierung bereits weit fortgeschritten ist, während ordnende Strukturen auf diesen Ebenen noch nicht erreicht sind.

Auch geografisch gibt es noch oder – technologisch bedingt – wieder Machtvakua: Rohstoffe am Nordpol und in der Arktis unterliegen immer noch wenig Regelung. Ebenso Ressourcen auf dem Meeresboden, und auch die Ansprüche und Eigentumsrechte im Weltall sind noch nicht geklärt.

Produktpiraten, etwa auf dem chinesischen Markt, sparen sich die Entwicklungskosten, sehen nicht ein, warum sie nicht einfach dasselbe Zeichen auf die Sonnenbrille drucken sollen wie der Markenhersteller, und führen das Konzept des Branding nebenher ad absurdum. Eigentum an der Idee? Na ja. Wer seine Eigentumsrechte nicht schützen kann, hat nun mal kein durchsetzbares Recht, so könnte man die Fakten, die da geschaffen werden, zusammenfassen.

≋ Politische Piraten

Auch die Piratenpartei segelt in neuen Gewässern. Sie vertritt Werte, wie sie die alten Freibeuter wohl gutgeheißen hätten. „Unserer Meinung nach gibt es kein geistiges Eigentum", kann man im Programm der Partei nachlesen. Dort ist man auch der Überzeugung, dass die nicht kommerzielle Vervielfältigung und Nutzung von Werken als natürlich betrachtet werden sollte und daher nicht mit Eigentum belegt sein kann. Darüber hinaus gibt es allerdings wenige Überschneidungen zwischen der politischen Bewegung und der klassischen Piraterie.

Piraten lieben Monopole

Monopole sind mächtige Wirtschaftseinheiten. Sie diktieren den Preis eines Gutes, das Zusammenspiel zwischen Angebot und Nachfrage wird beeinträchtigt. Leidtragende sind die Konsumenten. Monopole erhöhen ihren eigenen Profit und versuchen, Wettbewerber aus dem Markt herauszuhalten. So profitieren sie vom zu hohen Preis, den sie den Verbrauchern aufbürden. Piraten mögen Monopole, weil sie verstanden haben, wie man die schiere Größe und Marktmacht eines Monopols nutzen kann, um am Profit teilzuhaben.

Die Piraten des 16. und 17. Jahrhunderts griffen das Monopol der spanischen Krone über den Seehandel mit der Neuen Welt an. Der Vertrag von Tordesillas von 1494 teilte die Welt unter den damals vorherrschenden Seemächten Portugal und Spanien auf. Dieses Monopol bescherte dem spanischen Königshaus ein bis dahin unvorstellbares Vermögen und finanzierte die Kriege auf dem Kontinent. Die Piraten haben es verstanden, einen Teil davon für sich oder als legalisierte Freibeuter einen Teil für die englische Krone und andere europäische Herrscher abzuschöpfen.

Bis heute ist unser Bild vom englischen Freibeuter von Sir Francis Drake geprägt. Er hat den spanischen Schiffen besonders mit seinen unerwarteten Manövern zugesetzt. Mehr als 50 Jahre nach Ferdinand Magellans Weltumsegelung gelang ihm als Zweitem dieses Kunststück. Insbesondere vor der pazifischen Küste Südamerikas rechnete kein spanischer Kapitän mit einem englischen Piraten. Drake kehrte mit einer Beute von umgerechnet 100 Millionen Euro in seine Heimat zurück und bescherte seinen Investoren einen Profit von 4700 Prozent.

Nicht viel besser als den Spaniern erging es der niederländischen Ostindienkompanie VOC um 1600. Die Gesellschaft fungierte als erste Aktiengesellschaft der Welt. Bereits bei der Inbesitznahme des Geschäftsfelds agierten die Kapitäne selbst in der Grauzone zwischen Piraterie und legitimierter Kaperfahrt. Sie beschossen schon mal englische oder portugiesische Schiffe, eroberten und befestigten Handelsposten. *GEO* nennt sie „Kaufmannskrieger" (Pioch 2013). Gemeint ist damit der Umstand, dass die Piraten, die sich am Geschäft beteiligten, nicht wie üblich im Auftrag der Krone unterwegs waren, sondern auf Rechnung der Company Kasse machten. Aus dem Monopol auf die Seewege wurde ein Piratenmonopol. Die Rückendeckung durch die niederländische Ordnungsmacht wurde immer mehr zum Feigenblatt dafür. Die VOC stieg zur größten Handelsgesellschaft der Welt auf. 200 Jahre konnte die Gesellschaft hochlukrative Geschäfte machen, bevor die Nachteile eines Monopols sie einholten. Chinesische Konkurrenz forderte die Preise der Kompanie heraus, Beamte der VOC bedienten sich selbst an den Gewinnen, Bestechung und Bestechlichkeit schmälerten die Geschäfte. Am Ende wurde die VOC verstaatlicht.

⚓ Angriff auf die Platzhirsche

Bei der Virgin Group des britischen Unternehmers Richard Branson war es Teil des Geschäftsmodells, Monopolisten aufs Korn zu nehmen. Der Platzhirsch kann oftmals beträchtliche Profite in seinem Markt erzielen. Durch diese gesättigte, bequem gewordene Position wird er aber auch angreifbar. British Airways war, als die Virgin Atlantic in den 1980er-Jahren an den Start ging, quasi ein Monopolist im britischen Flugverkehr. Branson erzählt die Geschichte so, dass der schlechte Service ihm als Vielflieger persönlich auf die Nerven gegangen sei. Nur um dem Abhilfe zu schaffen, habe er sein Unternehmen gegründet. Der Service und die Preise von British Airways waren aus Mangel an Konkurrenz schlecht und teuer. Diese Kombination machte BA angreifbar für eine Piratenunternehmung wie Virgin.

Zu Beginn des 20. Jahrhunderts sendeten illegale Radiosender aus dem mexikanischen Grenzgebiet in die Vereinigten Staaten. Sie waren die ersten Hörfunkpiraten. Das Ziel war Profit. Diese Sender verdienten an Werbung für fragwürdige Produkte, ihre Inhalte verstießen teilweise gegen US-Recht. Auf der anderen Seite der Grenze waren sie aber nicht zu belangen. Eine typische Piratensituation: Die Rechte der Betroffenen waren ad absurdum geführt, sie waren nicht mehr durchsetzbar. Das Geschäft war lukrativ, und die Basis der Aktionen waren die „neuen Gewässer", der „neue Ort", eine rechtlich nicht geregelte Lücke im monopolistischen und noch ziemlich neuen System des Rundfunkwesens. Die Piraten waren einmal mehr keine Pioniere, sondern segelten im Windschatten der Pioniere und nutzen die Möglichkeiten auf ihre eigene Art.

Ein heute kaum mehr vorstellbares alleiniges Vorrecht hatten bis in die 1960er-Jahre die öffentlich-rechtlichen Rundfunkanstalten in Europa. Das alleinige Senderecht der British Broadcasting Corporation (BBC) wurde mit ihrem Bildungsauftrag gerechtfertigt. Der Hunger des Publikums nach Alternativen und der überschaubare Aufwand des Sendens führten insbesondere in Großbritannien zu „schwarzen" Sendern. Die Sender wurden Piratensender genannt, da sie meist, um der Gerichtsbarkeit zu entgehen, von Schiffen außerhalb der Hoheitsgewässer sendeten (Vergne 2013). Mit Piraten haben sie aber weit mehr als das Schiff und eine gewisse Illegalität gemein. Sie gingen ein Monopol an, das damals kaum jemand als ein klassisches Wirtschaftsmonopol verstanden haben mag. Sie bewegten sich mit geringen Ressourcen auf einem neuen wirtschaftlichen Territorium, dessen Potenzial nur wenige vorausgesehen hatten. In ihrem Kielwasser kamen die Liberalisierung und schließlich die Abschaffung des Rundfunkmonopols. Einige dieser Sender senden bis heute, nun legal. Radio Blackbeard zeigt seine Verbindung zur piratischen Tradition noch immer im Namen.

Die Parallelen zwischen dem Rundfunk- und dem Taxi-monopol sind verblüffend. Zuletzt zeigte uns das ehemalige Start-up Uber, wie alte Selbstverständlichkeiten eines Monopols bei neuem, frischem und frechem Herangehen zer-bröseln. Bis irgendjemandem klar war, dass es in der Taxi-branche, eine der letzten staatlich tolerierten Monopole, zum Paradigmenwechsel kommen könnte, war Uber mit seiner Wendigkeit wie eine unübersichtliche Flotte von kleinen Flitzern um das Flaggschiff gekreist und nicht mehr abzuschütteln. Respekteinflößend, demokratisierend, umverteilend – piratenhaft, so kommt Uber daher.

Heute ist Uber ein Beispiel für ein Unternehmen, das sich die Grundsätze der Piraterie zunutze macht (Schulz 2017). Da scheint es fast folgerichtig, dass die Flotte der gehobenen Fahrzeuge „Uber Black" aus schwarzen Wagen besteht, fehlt nur noch die Piratenflagge. Der heutige Gigant fing ganz klein an. Die App – ressourcensparendes Paradebei-spiel dafür, wie man von den Gegebenheiten profitiert – verbindet Nutzer und Anbieter in Echtzeit. Das „neue Ge-wässer", das so plakativ Angriffsfläche für einen Piraten bietet: das Taximonopol und die steinzeitlichen, für die meisten aber dennoch fast unhinterfragbaren Gegebenhei-ten der Mobilität im 20. Jahrhundert. Das Werkzeug: Soft-ware und ein paar ausgeflippte Haudegen mit zu viel Mumm in den Knochen, bereit, ein Risiko einzugehen und sich dabei nicht unbedingt nur Freunde zu machen. Travis Kalanick, der prominente Ex-Uber-Chef, sagte folgerichtig diesen Satz: „Angst ist eine Krankheit, was immer du willst, hol es dir" (Schulz 2017a).

Noch gibt es die regulären „yellow cabs", aber wenn wir uns, wie bei der BBC, in einigen Jahren oder Jahrzehnten zurück-erinnern, wird uns der Gedanke an die gelben Monopolisten seltsam vorkommen. Es ist immer gefährlich, die Konkur-renz zu unterschätzen. Besonders gefährlich ist es aber, die Konkurrenz nicht wahrzunehmen.

Die Beispiele des spanischen Handelsmonopols im Atlantik, von British Airways und des Rundfunkmonopols zeigen einen Beitrag, den Piraten zu leisten imstande sind.

Die Tabelle zeigt die Charakteristika einiger Formen der modernen Piraterie und die der klassischen Seepiraten im Vergleich.

Ausprägung der Charakteristika der Piraterie

Charakteristika	See-piraten	Piraten-sender	Guerilla-Marketing	Cyber-piraten	Piraten-partei	Produkt-piraterie	Uber
Unkonventionell	X	X	X	X			X
ressourcen-bewusst, fokussiert	X		X	X		X	X
in ungeregelten, neuen Bereichen aktiv	X	X		X			
organisiert, klar geführt	X						X
Illegal	X	(X)	(X)	X		X	(X)
sympathisch	X	X	X			X	
Eigentums-rechte nicht anerkennend	X	X		X	X	X	
Monopole angreifen	(X)	X				X	X

Heute ist nicht alles legal, was sich der Piraterie bedient, diese Erkenntnis ist nicht neu. Im Netz finden sich Cyberpiraten, die sich den schlecht regulierbaren, neuen Raum auf ihre Weise aneignen. Die Frage ist nicht Legalität, sondern Machbarkeit und damit die Kalkulation der Kosten des Risikos. An sich ist das eine simple unternehmerische Art, zu rechnen. Illegale Tauschbörsen laden dazu ein, sich geistiges Eigentum anzueignen, ohne dafür zu bezahlen, einfach weil man es kann. Das Rechtsgut kann nicht ausreichend geschützt werden. Ganz wie damals auf hoher See geht es im Internet zu: ein Raum, international, zu groß und zu unübersichtlich, um ihn zu kontrollieren und etwaige Rechte darin durchzusetzen.

≋ Bildungsmonopol

Was ist beispielsweise mit dem Bildungsmonopol des Staates? Ein marodes System, ineffizient, kostenaufwendig und wenig erfolgreich. Nicht die besten Köpfe unterrichten, sondern Beamte, die eine Sicherheit auf Lebenszeit genießen. Der Schutz des Monopols ist der Staat. Wieso ist das so? Das Monopol war folgerichtig, solange Bildung und Wissen durch die Umstände monopolisiert waren: Teure Bibliotheken unterhalten, mühsam lange Forschungsjahre absolvieren, bis man weitverstreutes Wissen an unterschiedlichen Standorten einsammelte, um es der eigenen Arbeit zugutekommen zu lassen. Vieles war mühsam, langsam, teuer und nur Eingeweihten zugänglich. Bildung, und insbesondere höhere Bildung, war lange eine Luxusnische, die sich Reiche gönnen konnten, die sich nicht um ihren Unterhalt zu sorgen brauchten. Als staatliche Aufgabe büßte Bildung bereits etwas von ihrer Exklusivität ein, wurde als grundlegende Schulpflicht eine Infrastrukturressource für einen modernen Staat. Das Bildungsmonopol war ein Garant für gesellschaftlichen Wohlstand. Höhere Bildung blieb aber weiterhin ein reglementierter Ort, ein Ort für Eingeweihte, selbst wenn das BAföG das Studium für einige mehr möglich machte.

Die Zeiten des Bildungsmonopols in den Mauern ehrwürdiger Universitäten, die von ihren Alumni, den ehemaligen Absolventen, unterhalten werden, neigen sich dem Ende zu.

Im Schutz des Monopols entstehen zwar Einrichtungen wie Udacity, die Online-Universität von Sebastian Thrun. Das ändert aber nichts an der Tatsache, dass Wissen für alle besser zugänglich ist. Der Preis für Wissen wird immer kleiner. Die Bereitstellung wird einfacher und der Zugang ist nicht mehr durch große Mengen Papier begrenzt, das irgendwo in der Bibliothek lagern muss. Bildung wandelt sich, die Monopolstruktur wird sich verändern müssen. Die spannendere, neuere und lukrativere Ressource ist nun, wie dieses Wissen angewendet, verknüpft und fruchtbar gemacht wird. Diese Ressource ist nicht so leicht zu kontrollieren wie das Bildungsmonopol.

Wie lange werden sich diese Monopole und Profiteure der Monopolisierung noch halten? Wie werden sie sich auf hoher See schlagen, wer wird die Monopole ins Wanken bringen?

Neue Geschäftsfelder tun sich da auf, wo Ideen verwirklicht werden, die vorher keine Chance gehabt hätten. Eine Entdeckung öffnet so manchmal hektarweise Neuland bis zum Horizont. Crowdfunding ist so eine Entdeckung. In einer Welt, in der es normal geworden ist, neue Ideen nur dann entwickeln und testen zu können, wenn große und finanzstarke Investoren zur Verfügung stehen, sind viele Möglichkeiten nicht zu verwirklichen gewesen. Wieder bringt die Vernetzung über das Internet eine neue Chance. Jeder, der an eine Idee glaubt, kann durch Crowdfunding investieren. So wird aus sehr kleinen Mengen Kapital ein schöner Batzen, wenn man genügend Leute von der Idee überzeugen kann. Es wächst eine neue Gründergeneration heran, die den Großen zunächst das Wasser reichen, später aber vielleicht das Wasser abgraben kann. Das faktische Investitionsmonopol fällt, weil eine Piratengeneration eine neue Möglichkeit gefunden hat, ihre Projekte zu finanzieren.

∿ Crowdfunding

Die mächtige Musikindustrie nimmt nicht jeden. Ein Musiker nutzte daher seine Fanbasis, um sein Soloalbum zu produzieren, schreibt die WirtschaftsWoche *(2011) über ein Erfolgsprojekt mit den neuen Finanzierungsmethoden. Nicht nur Kunstprojekte sind erfolgreich, es werden auch Produktentwicklungen bis zur Marktreife angeschoben: Ein Schwebestativ für die Kamera konnte so entwickelt werden. Die größte schwarmfinanzierte Summe liegt derzeit europaweit bei 3,3 Millionen Euro. Mit diesen Mitteln wurde gleich ein ganzes Schloss saniert. Das Grand Village Ressort and Spa an der Ostsee ist ein Luxusdomizil für Reisende und Erlebnishungrige geworden. Feste Renditezusagen, die der Schlossherr gab, können eingehalten werden. Zum Mindestpreis von 170 Euro pro Nacht kann man sich dort einmieten.*

2013 erhielt die Cloud & Heat Technologies GmbH dieselbe Summe aus dem Schwarm (Wirminghaus 2015), um sein Umwelt-Start-up in Gang zu bringen. Serverabwärme kann nun zum Heizen eingesetzt werden. Das Unternehmen kümmert sich um den Aspekt dezentrale Wärme.

Solche Projekte waren bis dato nicht zu finanzieren, weil die Industrie als Geldgeber ausschied. Die großen Monopole haben schließlich kein Interesse daran, sich Konkurrenz ins Haus zu holen, indem sie diese auch noch finanzieren. Es ist eine altbekannte Spekulation, dass innovative Neuerungen und Patente von den Riesen im Markt aufgekauft werden und für immer in der Schublade verschwinden. Crowdfunding verändert diese Ausgangslage. Es ist ein Einfallstor in die Welt der Riesen, es verändert die Grundlage des Markteintritts, das Monopol des Geldes fällt. Es bleibt abzuwarten, ob sich neue Riesen aus dieser Sphäre entwickeln oder gar ein Marktumfeld, das echte Konkurrenz unterstützt.

Essenz

- Piraten sind unkonventionell.
- Piraten sind ressourcenbewusst und fokussiert: kleiner Einsatz, großer Gewinn.
- Piraten segeln in neuen Gewässern: als Zweite.
- Piraten lieben neue Gewässer: Märkte, Technologien, geografische Territorien.
- Piraten sind gut geführt; sie bestimmen die Führung mit und haben die Beute als Motivation.
- Piraten stellen Eigentumsrechte infrage.
- Piraten wirken sympathisch, auch wenn sie illegal agieren; sie haben den Ruf des Draufgängers.
- Piraterie war stets ein mögliches Vorgehen gegen Monopole.
- Piraten tragen bei monopolistischen Strukturen zur Demokratisierung der Wirtschaft bei.
- Piraten sind keine sozialen Banditen, ihre Motivation ist stets gewinnorientiert.

Literatur

Durand, R.; Vergne J.-P.: *The Pirate Organization*. Harvard Business Review Press, Boston 2010.

Fukuyama, F.: *Das Ende der Geschichte*. Kindler, München 1992.

Handelsblatt.com: „China wirbt für Freihandel". 17.06.2017.

Jánszky, S. G.; Jenzowsky, S. A.: *Rulebreaker – Wie Menschen denken, deren Ideen die Welt verändern*. Goldegg, Wien 2013.

Joho, K.: „Schwarmfinanzierung – Besonders erfolgreiche Crowdfunding-Projekte. Der Barde Ranarion". *Wiwo.de* 21.12.2011.

Joho, K.: „Erfolgsprojekt mit neuen Finanzierungsmethoden." *Wirtschafts-Woche* 2011.

Kim, W. C.; Mauborgne, R.: *Der blaue Ozean als Strategie*. Hanser, München 2016

Lee, F.: „Chinas neuer Kontinent – Afrika". *Zeit.de*, Peking, 28.06.2017.

Leeson, P. T.: *The Invisible Hook – The Hidden Economics of Pirate*. Princeton University Press, New Jersey 2009.

Lingenhöhl, D.: „Was erblickte Kolumbus auf der Martellus' Weltkarte von 1491?". *Spektrum.de/news/was-erblickte-kolumbus-auf-martellus-weltkarte-von-1491/1350594, 12.06.2015*.

Meine, T. M.: *Das Who's Who der Piraten – nach der Originalausgabe von Philip Gosse*. Books on Demand, Norderstedt 2015.

Neuhold, H.: *Die berühmtesten Freibeuter und Piraten*. Matrixverlag, Wiesbaden 2013.

Parker, M.: *Alternative Business, Outlaws, Crime and Culture*. Routledge, New York 2012.

Pioch, J.: „Händler & Krieger". *GEO Epoche* Nr. 62, 08/2013.

Preuss, S.: „Schilfgras statt Rohöl". *FAZ* 16.09.2017.

RP-online.de: „Weltkarten – Die Quadratur des Globus". 25.03.2017.

Schulz, T.: „Digitalisierung: Uber-ambitioniert". *Spiegel* 25/2017.

Schulz, T. (2017a): „Taxi-Schreck Uber – Der böse Junge des Silicon Valley". *http://www.spiegel.de/spiegel/travis-kalanick-der-boese-junge-des-silicon-valley-a-1152584.html*. Ausgabe 25/2017.

Shortland, A.: *Treasure Mapped: Using Satellite Imagery to Track the Developmental Effects of Somali Piracy*. Chatham House, London 2012.

Spiegel.de: „Neue Studie zu Somalia. Piraten-Jagd ist ein Minusgeschäft". 13.01.2012.

Vergne, J.-P.: „Lessons from the dark side of capitalism: How pirates help to shape new industries". *Ivey Business Journal* Januar/Februar 2013.

Wallstreet-online.de: „Nach der Ölsause – Saudi-Arabien entwickelt Masterplan für die Zeit nach dem schwarzen Gold". 26.04.2016.

Wirminghaus, N.: „Crowdfunding-Rekordhalter scheitert bei zweiter Runde – und bekommt trotzdem Geld". *Gruenderszene.de* 12.02.2015.

1 Piratenprinzip „konzentriert" – das Fernrohr ausrichten

Piraten fokussierten ihre Kräfte und konzentrierten sich auf das Wesentliche! Das machte sie effektiv und war die Überlebensgarantie in ihrem gefährlichen Geschäft. Auch moderne Piraten konzentrieren sich auf das Wesentliche. Sie wissen, was ihr Thema ist, und tun das Wichtige, nicht das, was alle tun würden. Sie behalten den Überblick. Konzentration ist ein wesentlicher Faktor für Erfolg.

Immer nur ein Thema

 Piraten kommen nicht auf die Idee, zwei Schiffe gleichzeitig zu kapern. Erfolg entsteht durch Konzentration. Konzentration führt zur Übermacht der Kräfte.

Der moderne Pirat vermeidet geistige Rüstzeiten, indem er nicht zwischen den Projekten springt. Er entscheidet: Das Thema zu Ende bringen oder bleiben lassen.

Kräfte konzentrieren ist effizient!

Erfolg ist das Ergebnis von Konzentration. Das können wir von historischen Piraten lernen. Sie kämen nie auf die Idee, mehr als ein Schiff gleichzeitig zu entern. Sie konzentrieren sich und achten darauf, fokussiert genug zuzuschlagen, um erfolgreich zu sein.

Wer sich konzentriert, hat nur ein einziges Schiff im Visier. Niemand kann zwei oder drei Aufgaben gleichzeitig angehen, so sagt der US-Ökonom und Managementguru Peter F. Drucker (2014). Er beschreibt Zeit als den limitierenden Faktor jedes Erfolgs. Das Ergebnis jedes Leistungsprozesses sei durch das am knappsten vorhandene Hilfsmittel begrenzt, die Zeit. Es ist besonders notwendig, das Wesentliche im Blick zu behalten, um das knappe Gut Zeit nicht zu verschwenden. Nicht Führende, sondern besonders Ausführende leiden unter Zeitmangel. „Man kann sie geradezu als Leute bezeichnen, die normalerweise über ihre Zeit nicht verfügen können, weil sie für wichtige Angelegenheiten anderer zur Verfügung stehen müssen", wird Drucker zitiert (Forschelen 2017). Das genau gilt es für den modernen Piraten zu vermeiden. Lassen Sie sich nicht zur Auslagerungsstelle von Erfolgreichen machen.

Wenn Sie wissen, dass der Unterschied zwischen Führen und Ausführen die freie Verfügung über Ihre Zeit ist, wissen Sie auch, dass Führen nicht davon abhängt, was in Ihrem Arbeitsvertrag steht.

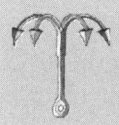 Sie selbst entscheiden, zumindest in einem weiten Rahmen, ob Sie führen oder ausführen. Machen Sie deshalb Ihren Erfolg lieber selbst und bestimmen Sie Ihr eigenes Thema.

Eines der Geheimnisse, wie Sie Konzentration zum Schlüssel für Erfolg machen, ist, dass Sie Ihre Zeit effektiver nutzen. Wer an vielen Themen gleichzeitig arbeitet oder ständig von den Erfordernissen getrieben wird, hat keine Kontrolle mehr über seine Zeit. Er muss sich nach dem wichtigen und unaufschiebbaren Telefonat, nach der Tabelle für den Chef wieder und wieder in sein Thema einarbeiten, den Faden suchen und ihn wieder aufnehmen, die Dokumente oder Notizen zum Projekt erneut querlesen. Arbeit, die eigentlich bereits erledigt ist, muss wieder und wieder gemacht werden. Was für eine Verschwendung.

In vielen Industrien werden komplexe Maschinen benutzt. Sie werden so eingerichtet, dass sie zum Beispiel Formteile für Kraftfahrzeuge industriell herstellen können. Sind sie erst einmal eingerichtet, also vorbereitet für den Fertigungsprozess, können sie die Formteile schnell und präzise produzieren. Mithilfe dieser Technik werden viele Güter des Industriezeitalters erst bezahlbar, weil sie ökonomisch angefertigt werden können. Viele der Maschinen können zur Produktion anderer, ähnlicher Teile umgerüstet werden. Allerdings benötigt dies eine gewisse Rüstzeit – wertvolle Zeit, in der nicht produziert werden kann. Wenn die Maschine also umgerüstet ist, kann es erneut losgehen und die zweite Variante an Teilen effizient und schnell produziert werden. Kein Betrieb käme allerdings auf die Idee, seine Maschine jeden Tag dreimal umzurüsten, um drei verschiedene Teile im Wechsel produzieren zu können. Das wäre unökonomisch und nicht besonders sinnvoll.

So einsichtig einem das für Maschinen ist, so diffus ist die Erkenntnis, wenn es darum geht, sich selbst auf nur eine Sache zu konzentrieren. Denn wenn wir bei unserer Arbeit viele Male von einem zum anderen Thema springen, erleben wir selbst geistige Rüstzeiten.

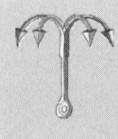 **Geistige Rüstzeit vermeiden**

Wenn Sie bei einer Sache bleiben, vermeiden Sie geistige Rüstzeit und arbeiten fokussiert statt zerstreut. Das eine, eigene Thema liegt klar vor einem: So geht Effizienz!

Wo der Fokus ist, ist die Energie. Ein einfaches Rechenbeispiel dazu: Sie haben in drei Monaten sechs vergleichbare Projekte. Wenn Sie sich konzentrieren, sind Sie mit jedem Projekt in zwei bis drei Wochen fertig. Leichte Überschneidungen sind nicht zu vermeiden: Während beim vorhergehenden Projekt noch die Dokumentation zu Ende gebracht wird, gibt es vielleicht erste Kundengespräche für das nächste Thema. Wenn die Projekte dagegen parallel laufen, werden sich einzelne Projekte vielleicht acht Wochen hinziehen. Möglicherweise schaffen Sie ein siebtes oder achtes Projekt, wenn Sie Wartezeiten nutzen können. Aber die Themen werden langsamer zu Ende gebracht oder gar nicht, Kunden warten länger. Sie selbst sind unzufriedener und nicht bei jedem Projekt voll bei der Sache. Sie bringen damit nicht Ihr gesamtes Potenzial ein. Sie verlieren mehrmals am Tag Zeit, um sich in acht verschiedene Sachverhalte zurückzudenken. Kurz: Sie geben Ihrer Zeit nicht den Stellenwert, die sie haben sollte.

Übermacht durch volle Konzentration

Wer an Piraten denkt, dem erscheinen vor seinem geistigen Auge Seeräuber, die über die Reling klettern, den Dolch zwischen den Zähnen, sich nur an einem Tau festhaltend: Gefährliche Kerle, die sich nehmen, was sie wollen. Nun, mit dieser beängstigenden Vorstellung sind Sie nicht allein. Das Bild ist sozusagen eine Art Werbeversprechen der Piraten gewesen. Die Besatzungen der Beuteschiffe müssen ein ähnliches Bild vor sich gesehen haben, wenn der Jolly Roger gehisst wurde. Denn Fakt ist, die wenigsten Schiffe mussten wirklich gekapert werden. Den Besatzungen der angegriffenen Handelsschiffe war meist sofort klar, dass sie den Angreifern unterlegen waren. Sie ergaben sich. Was war das Geheimnis der Piraten?

Piraten setzten oft auf den Faktor „Übermacht". Eine große Crew, gut bewaffnet und – vor allem – mit dem unbedingten Willen ausgestattet, das Objekt der Begierde einzunehmen. Die Chancenlosigkeit der Handelsschiffe war in vielen Fällen offensichtlich. Die Übermacht der Piraten sorgte dafür, dass die Handelsbesatzungen aufgaben – und rettete so Leben und Energie von Piraten und Gekaperten gleichermaßen.

Übermacht beim modernen Piraten bedeutet nun nicht, dass Sie mit Ihrer Crew die Kantine stürmen, um mehr Schnitzel zu erbeuten – obwohl das vermutlich funktionieren würde. Vielmehr ist gemeint, dass Sie durch volle Konzentration auf nur ein Thema eine Übermacht an Wissen und Einsatzbereitschaft gegenüber Wettbewerbern, Kollegen oder Vorgesetzten erreichen können. Stellen Sie sich vor, in den nächsten zwei Wochen drehte sich bei Ihnen alles nur um ein Thema! Wie weit werden Sie den anderen voraus sein? Ihr Durchsetzungswille, basierend auf Engagement und der vollen Aufmerksamkeit für das Thema, macht Sie in vielen Fällen von vornherein zum Sieger. Wenn Sie sich konzentrieren, hissen Sie sozusagen die schwarze Flagge. Die zeigt Wettbewerbern und Konkurrenten schnell, dass sie besser aufgeben, denn mit Ihnen kann man nicht mithalten. Schließlich hat die Konkurrenz ja nicht nur ein Projekt. Machen Sie sich einen Ruf, der der Konkurrenz von vornherein den Wind aus den Segeln nimmt. Für solche Unterfangen gilt einmal mehr: Jetzt aber volle Konzentration.

Nur ein Thema, auch für das Team

Wird das Prinzip „nur ein Thema" auch in Ihrer Organisation oder Firma angewendet, wissen alle Crew-Mitglieder, wo die Reise hingeht. So kann man die Energie der Mitarbeiter lenken und dafür sorgen, dass effizienter gearbeitet werden kann. Anstatt wieder und wieder Einzelheiten in aufwendigen Meetings zu klären und die Arbeiten mühsam miteinander zu koordinieren, reicht es aus, wenn die ganze Mannschaft weiß, wo es hingeht. Alle Kräfte sind von vielen unnötigen Verwaltungsarbeiten befreit und können tun, was nötig ist, um Kurs zu halten. Jeder spart Zeit und Nerven, die besser für das Projekt selbst eingesetzt werden.

Sicher, es gibt immer mehrere Themen, die keinen Aufschub zu dulden scheinen. Das eine oder andere landet zum Beispiel nur deshalb auf dem eigenen Tisch, weil es das Thema Nummer eins von jemand anderem ist. Dann ist es aber nicht Ihr Projekt! Am Ende müssen trotzdem mehrere Themen unter Kontrolle sein. Die Priorität des Piraten liegt dabei immer auf **dem** Thema. Dazu gehört, sich immer im Klaren zu sein, welches das eine, das wichtigste Thema ist – und dieses eine Thema voranzubringen.

Albert Einstein arbeitete 1907 im Patentamt zu Bern. Ihm wird nachgesagt, er sei in einem Sessel in eben diesem Patentamt gesessen (Pais 2010), als er den wegweisenden

Geistesblitz zur Äquivalenz zwischen träger und schwerer Masse hatte. Die Folgerungen, die sich daraus ergaben, führten am Ende zur neuen Theorie der Gravitation. Bahnbrechender konnte ein Erfolg kaum sein. Dennoch schreibt heute alle Welt, Einstein habe im Patentamt gearbeitet, während er die Welt der Physik aus den Angeln hob. Vermutlich war es umgekehrt: Als Einstein die neue Theorie der Gravitation entwickelte, arbeitete er nebenher im Patentamt – das wusste nur sein damaliger Chef nicht. Es ist doch relativ unwahrscheinlich, dass dem Physiker nicht bewusst war, was sein Projekt war.

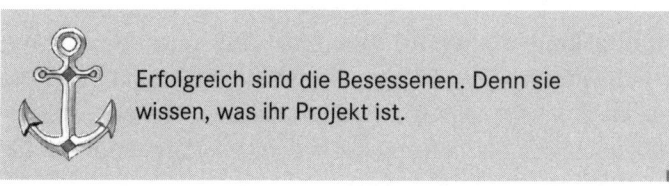

Erfolgreich sind die Besessenen. Denn sie wissen, was ihr Projekt ist.

Alle Ressourcen für das eine Ziel

Nur ein Thema? Auf dem Karriereweg sind in der Regel zwei und nicht nur ein Entwicklungsprojekt zu betreuen. Daneben vielleicht der Serienanlauf für das nächste Jahr und das Produkt, das im übernächsten Jahr auf den Markt kommen soll. Wie bringt man all das unter einen Hut? Stimmt. Schlecht oder gar nicht. Denn das Problem ist weniger die Antwort, sondern eher die Frage. Es können nicht beide Projekte ein Volltreffer werden. Wer so denkt, tappt in den Multitaskinghinterhalt.

Der Multitaskinghinterhalt

Multitasking erfordert einen hohen Entschei-
dungsaufwand. Ständig müssen die Prioritäten
neu gesetzt werden, meistens fühlt man sich
von der Zeit überholt, übergeordnete Ziele stehen plötzlich an letzter Stelle, weil schon wieder das Telefon klingelt oder die Mails neue Gegebenheiten schaffen.
Wer viele Entscheidungen in kurzer Zeit treffen muss, wird
fehleranfällig und erschöpft. Er kommt vom Weg ab. Er kontrolliert seine Handlungen nicht mehr selbst, sondern wird
zum Getriebenen der Erfordernisse.

Multitasking ist nur für einen gut: für den, der die Aufgaben verteilt, nicht für den, der sie ausführt. Multitasking
ist das Konzept, das Chefs nicht selbst anwenden, Unter-
gebene aber stets liefern sollen. Multitasking ist etwas für
Ausführende, nicht für Macher.

Dennoch kommen manche Ideen und Projekte wie von
selbst zu einem, wie Eingebungen. Liebhaberprojekte und
Gedanken lassen sich nicht rational steuern. Trotz der Konzentration sollen sie nicht unterdrückt oder weggeschickt
werden. Es ist sinnvoll, sie im Hinterkopf zu behalten. All
diese selbstbeginnenden Projekte sind zuerst besonders
gut in einem Notizbuch oder digitalen Ideenspeicher auf-
gehoben. Sie werden dann hervorgeholt, wenn ihre Zeit gekommen ist. Um die Dinge getan zu bekommen, ist es notwendig, zu wissen, was das eigentliche Projekt ist, und
diesem immer Vorfahrt zu gewähren. Alle Ressourcen werden auf das eine Ziel konzentriert.

Pirate Work

Für historische Piraten war es leicht, alle Ressourcen auf das eine Ziel zu konzentrieren. Das Vorgehen ergab sich aus der Natur der Sache. Heute ist Ihre Welt komplexer. Die Modeantwort, wie man Komplexität beherrschen kann, ist bisher Multitasking. Die Annahme: Wer multitaskingfähig ist, wird weiter kommen als andere, weil er scheinbar die komplexe Welt leichter beherrschen kann. „Multitasker" stürzen sich wie Soldaten ins Gewühl. Sie versuchen, Ideen, Veränderungen und unterschiedliche Aufgaben auf einmal abzuarbeiten. Aber es ist nicht sinnvoll, sich ohne Weiteres ins unübersichtliche Getümmel zu begeben. Kein Pirat würde in das Herz einer Handelsflotte segeln, um mit gehisster Flagge erst mal zu sehen, welcher Coup sich lohnen würde. Der Pirat wählt sein Ziel aus und kapert dann das eine Schiff. Er verzettelt sich nicht im Meer der Möglichkeiten.

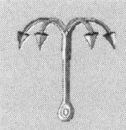 **Kaperregel: Immer nur ein Schiff kapern**

- Kräfte konzentrieren.
- Nicht nur ein Thema, aber eins nach dem anderen.
- Erfolgreich durch Konzentration aller Kräfte auf ein Thema.
- Geistige Rüstzeiten vermeiden.

Das Telefon abzustellen oder die Mails nur zu festen Zeitpunkten am Tag zu lesen, organisiert den Tagesablauf besser. Cal Newport (2017) spricht von „Deep Work", Spitzenleistung und wirklich gute Ideen entstehen danach nur, wenn man sich voll auf eine Sache einlässt. So weit, so richtig, aber Leidenschaft und damit nochmals eine extra Portion Energie für ein Thema entstehen nicht, wenn man sich am nächsten Morgen einem anderen Thema widmet.

Bringen Sie die „Deep Work" zu Ende, machen Sie einen Erfolg daraus.

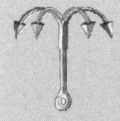

Wie Sie noch eins draufsetzen können

- Nutzen Sie den nächsten Tag, um frühzeitig Feedback dazu einzuholen. Erste Prototypengespräche mit Kunden.
- Überlegen Sie, wie der Wettbewerber mit diesem Thema bisher umgeht.
- Investieren Sie einige Zeit in eine kurze Recherche zum Thema: Was ist State of the Art?
- Verwenden Sie die Zeit in der Dusche, im Auto oder wo Sie sonst kreativ sind für einen Blick aus einem anderen Winkel auf das Thema.
- Erstellen Sie eine erste grobe Kalkulation. Wie könnte die Preisgestaltung aussehen?
- Welche Dienstleistung würde das Produkt noch abrunden?

Lassen Sie eine Pirate Work daraus werden, an die man sich am Ende des Jahres noch erinnert.

„A few brilliant presentations, not many competent ones."
Privatpirat

Das Hirn mag es simpel

Unterbrechung und Ablenkung sind Gift für die Sache. Denn danach braucht es eine neue Annäherung, geistige Rüstzeit, an das Thema. Man kommt schneller voran, wenn man sich nur einer Aufgabe widmet. Man kommt dem Thema so nahe, dass man selbst an Tempo zulegen kann: Auch ein Läufer bewältigt die Strecke schneller, wenn er nicht zwischendrin aufhört und ein Stück eines anderen

Rennens läuft. Sich einer Aufgabe zu widmen, und das ganz, ist die natürliche Vorgehensweise.

Menschen denken in Fokus und Peripherie. Aufmerksamkeit, das heißt Fokus, bewusste Wahrnehmung, folgt dem Interesse. In der Peripherie, den Randgebieten der Wahrnehmung, passiert der Abgleich der überlebenswichtigen Informationen. Nur wenn der Notfall eintritt, werden Peripherieinformationen über die Aufmerksamkeitsschwelle in den Fokus gehoben. Der Fokus, die Aufmerksamkeit also, arbeitet wie ein Brennglas. Der Ausschnitt der Welt, den man mit Aufmerksamkeit wahrnehmen kann, ist dabei der Ausschnitt der Welt, so wie es unter Vergrößerung dargestellt werden würde.

∿ Der richtige Fokus

Sie sitzen im Café bei einem schönen Latte macchiato, vor Ihnen steht Ihr Laptop. Während Sie lesen, sind Sie versunken und konzentriert. Die kleinen Geräusche, das Klappern der Tassen, die Gespräche am Nebentisch bemerken Sie nicht. Es hat 21 Grad, der Tisch steht nicht ganz gerade, durch das Fenster streifen Sie die Scheinwerfer der vorbeifahrenden Autos. Von alldem aber bekommen Sie nichts

mit, denn der Fokus liegt auf dem, was Sie lesen. Sie be-
merken auch nicht, wie der Kellner sich nähert – er ist
auch Teil der Aufmerksamkeitsperipherie. Erst als vom
Tablett ein klirrendes Geräusch ertönt, als der Kellner ne-
ben Ihrem Tisch vorbeigeht, stehen Sie samt Laptop bereits
einen Schritt neben dem Kaffeesee, den der Kellner ange-
richtet hat. Woher wussten Sie das? Ihr Hirn hat im richti-
gen Moment umgeschaltet und den Fokus auf die Periphe-
rieinformation gelenkt.

Das zeigt, dass das menschliche Hirn dazu gemacht ist, sich
zu konzentrieren. Die Fähigkeit zu fokussieren ist die natürliche Art, die Welt aufzufassen. Lebenswichtige Informationen, die während der Konzentrationsphase ablaufen,
werden automatisch ins Bewusstsein durchgestellt. Sie haben sozusagen ein eingebautes Vorzimmer, das nur in
wichtigen Notfällen stört. Aber das passiert nur, wenn es
sich um wirklich Relevantes handelt. Konzentration auf nur
eine Sache ist die dem Menschen eigene Art, mit der Welt
umzugehen.

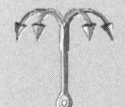 Organisieren Sie Ihre Umgebung so, dass Sie
konzentriert sein können und nur im Notfall von
Ihrer Sache abkommen müssen.

Aber wie kann das gelingen?

Aussortieren statt Priorisieren

Die Welt ist komplex. Es laufen ständig Dinge gleichzeitig
ab. Was davon wichtig ist und was nicht, das ist die Ent-
scheidungsaufgabe eines jeden. Das Leben besteht aus viel-
fältigen Herausforderungen. Und genau hier liegt die Krux:
Herausforderungen, das sind die Aufgaben, die die Welt an

Sie heranträgt. Der Pirat entscheidet aber lieber selbst, wie
die Route aussehen soll.

Herausforderungen sind nicht dazu gemacht,
sie zu meistern.

Wer so denkt, lässt sich ständig von der Welt herausfordern. Er bestimmt seinen eigenen Weg nicht, er nimmt etwas von außen an, das wahrscheinlich nicht sein Projekt
ist. Deshalb können Herausforderungen eine versteckte
Aufforderung sein, sich von seinem Weg abbringen zu lassen.

Manchmal ist schon das Prioritätensetzen eine Falle. Das
Wichtigste zuerst! Scheint eine sinnvolle Devise. Wirklich
sinnvoll ist aber: Nur das Wichtige! Es muss sowieso nicht
alles gemacht werden, was einem angetragen wird. Der
Zeitpunkt für die wichtigen Dinge erscheint ohnehin immer
ungünstig, also machen Sie es jetzt.

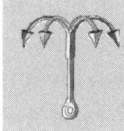

Sortieren Sie aus statt in die Prioritätenliste ein.

Besonders wenn Sie abhängig arbeiten, höre ich schon die
Einwände: Es muss doch aber alles gemacht werden! Aber
nein. Es muss nicht alles gemacht werden. Viele Dinge erledigen sich zum Beispiel automatisch von selbst, wenn
man sie nur lange genug beiseitelegt. Und Sie sind freier,
als Sie denken. Die Piratenprinzipien können Ihnen helfen,
im richtigen Moment abzulehnen oder anderweitig unter-

zutauchen. Auch wenn Sie keine Führungskraft sind, können Sie Arbeiten mit etwas Geschick delegieren.

Viele Menschen, die abhängig beschäftigt sind, benehmen sich, als hätten sie einen Knebelvertrag unterschrieben. Sie erhalten mit ihrem Arbeitsvertrag eine Reihe von Zuständigkeiten und Verantwortlichkeiten. Sie kümmern sich dann um ihren Bereich und um sonst nichts – im zugewiesenen Bereich kümmern sie sich dafür um alles. Schließlich sind sie keine Führungskraft, sie können deshalb doch nicht einfach Dinge delegieren, anders machen, umwerfen, auslassen. Oder?

Doch. Genau das ist das Ansinnen des Piraten. Führen Sie einfach ohne die Erlaubnis dazu. Handeln Sie sinnvoll, denken Sie selbständig, wählen Sie in Ihrem Bereich eigenhändig aus, was getan werden soll. Vielleicht stoßen Sie so auf Gegebenheiten, die sich Ihrer Zuständigkeit entziehen, Ihre Arbeit und Ihren Erfolg aber beeinflussen. Dann verlassen Sie Ihren angestammten Zuständigkeitsbereich und handeln Sie. Menschen nehmen Führung gerne an, auch wenn sie nicht auf dem Papier steht – solange Sie Ihre Änderung zu einem Gewinn für die ganze Mannschaft werden lassen.

Wenn Sie aus Ihrem Zuständigkeitsbereich delegieren, achten Sie darauf, dass Sie nicht nur Auszuführendes, sondern die Verantwortung gleich mit delegieren. So geben Sie anderen die Möglichkeit, Erfolg zu erleben. Der Adressat der Aufgabe nimmt sie dann gerne, wenn er für sich darin einen Mehrwert erkennt. Kurz: Verkaufen Sie geschickt, was Sie von anderen wollen.

Führen Sie, auch wenn Sie selbst dazu nicht autorisiert sind. Wenn Sie sich umsehen, werden Sie erkennen, dass Menschen, die so arbeiten, von ihren Vorgesetzten geschätzt werden. Sie sind bei der Sache, inhaltlich interessiert und sozial kompetent. Sie übernehmen für das große Ganze Verantwortung. Vorgesetzte erkennen Führungstalent nicht, wenn Sie nicht damit anfangen, zu führen – egal was in Ihrem Arbeitsvertrag steht. Fangen Sie an, machen Sie es gut und zeigen Sie Ihre Ergebnisse Ihrem Vorgesetzten. Was erfolgreich ist, wird gerne angenommen und wird Sie die nächste Stufe der Karriereleiter erklimmen lassen.

Führen Sie – auch ohne Erlaubnis

Denken Sie selbständig, übernehmen Sie Verantwortung und fragen Sie nicht um Erlaubnis.

Autorisieren statt Delegieren

Viele Leute fühlen sich unwohl dabei, Wichtiges aus der Hand zu geben. Sie verstehen nicht, welchen Mehrwert sie dadurch erreichen. Und sie wissen nicht, was genau sie delegieren sollen. Eigentlich ist es aber ganz einfach. Es werden die Sachen delegiert, die nicht den Kern des einen Themas betreffen. Unwichtiges, Dinge, die einfach zu kontrollieren sind, einfache Vorgänge, Wiederkehrendes. Denken Sie auch an Ihr Team: Gibt es jemanden, der Verantwortung übernehmen möchte für einen Bereich? Dann autorisieren Sie ihn für diese Aufgabe, delegieren Sie das Ziel und die Verantwortung gleich mit und machen diese Dinge damit zum Projekt eines Crew-Mitglieds. Und schließlich lassen Sie es an der Anerkennung nicht fehlen. Ansonsten folgen Sie Ihrem Fokus. Delegieren, loslassen, abgeben – um bei Ihrem Projekt sein zu können.

Es gibt immer noch genug, das nicht abgegeben werden kann. Man fragt sich, wie man diese Dinge neben seiner eigenen Sache erledigen soll, ohne den Fokus zu verschieben. Es muss doch sowieso alles erledigt werden, macht es da überhaupt einen Unterschied, was man zuerst macht? Jetzt bloß keinen Fehler machen. Es macht einen gewaltigen Unterschied, wie man seine Prioritäten setzt. Es gilt, das überrascht Sie jetzt nicht mehr, das eigene Projekt zuerst.

Leichter gesagt als getan, möchte man meinen, wenn man die Suchmaschinen mit dem Begriff „Delegieren" füttert. Seitenweise Ratgeber für Leute, die an der Unfähigkeit ihrer Chefs verzweifeln, Verantwortung abzugeben. Die gesammelten Ausreden, warum Abgeben einfach unmöglich sei, zeigen die Beweggründe, vor denen man sich hüten muss:

Drückeberger beim Loslassen

- Beweggrund Angst: Man kann nur sicher sein, wenn man es selbst gemacht hat.
- Beweggrund Eitelkeit: Einige halten sich in allem für kompetenter und schneller als ihr Team.
- Beweggrund Kommunikationsschwäche: Erklärungen dauern länger als die eigentliche Aufgabe.
- Beweggrund unklare Verantwortlichkeiten: Wem soll die Aufgabe eigentlich übergeben werden?

Es gibt viele falsch verstandene Gründe, warum Delegieren schwerfallen kann. Befreien Sie sich von den Klötzen am Bein und binden Sie andere ein.

Welches Schiff kapern? Das richtige Thema auswählen

Der Pirat fragt sich: Welches Schiff kapern? Der Auswahl des einen Themas widmet man dieselbe Aufmerksamkeit, die man vernünftigerweise der Auswahl eines Beuteschiffs widmen würde. Denn kaum ein Pirat würde wochenlang segeln, die Vorräte aufzehren, die Zuversicht der Mannschaft aufs Spiel setzen, um schließlich einfach den nächsten halb verrotteten Kahn am Horizont aufzubringen. Solche Piraten wären arme Schlucker und stets in Not. Sie verstünden ihr Geschäft nicht und würden scheitern.

Die Wahl des Themas gibt man auch als moderner Pirat nicht ab. Nicht an den Chef, nicht an den Partner oder die Partnerin und erst recht nicht an die allgemeinen Erfordernisse. Welches Schiff gekapert werden soll, entscheidet der Pirat selbstverantwortlich. Die historischen Seepiraten verantworteten diese Entscheidung mit ihrem Leben. Nur weil das in der Regel für den modernen Piraten nicht mehr der Fall ist, sollte die Sorgfalt bei der Entscheidung nicht geringer sein.

Auch wenn das eine Thema sorgfältig ausgewählt wird, es muss sich nicht immer um ein Herzensthema handeln. Ihr Ding kann auch das sein, wofür Ihr Kunde Sie bezahlt. Wie wählt man das eine Thema am besten aus? Einige Hinweise zum Entscheidungsweg für die ganz fette Beute:

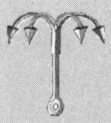 **Wiegen und zählen, das Projekt vermessen**

- Was ist das für ein Projekt? – Grenzen Sie „das Eine" sauber ab.
  - Was ist das Ziel/die Beute?
  - Wo beginnt, wo endet das Projekt?
  - Was gehört dazu, was können Sie weglassen?
- Wem nutzt das Projekt am meisten?
  - Welchen Nutzen hat das Projekt für Sie? Setzen Sie danach Ihre Prioritäten.
  - Machen Sie die Arbeit anderer Leute? Lassen Sie das. Machen Sie Ihr Ding!
  - Machen Sie es, damit andere Leute gute Laune haben?
  - Was ist Ihre Beute, von wem erhalten Sie diese?
  - Was ist der Nutzen für die Crew?

- Wie hoch ist das Risiko?
  - Wenn das Ihr Projekt wird, welche Risiken gibt es, zu scheitern?
  - Wie hoch ist das jeweilige Risiko?
  - Können Sie es handhaben?
- Wie groß ist der Aufwand?
  - Was wird Sie das an Aufwand kosten? Steht das in einem guten Verhältnis zu Ihrem persönlichen Nutzen?
  - Wen müssen Sie für die Zusammenarbeit gewinnen?

Das Leben ist zu kurz für Nebensächlichkeiten. Deshalb darf das Thema, das es wert ist, ruhig ein bisschen größer sein. Harold Arlen und Johnny Mercer bringen es in ihrem berühmt gewordenen Song „Accentuate the Positive" auf den Punkt: „Du sollst das Positive akzentuieren, das Negative eliminieren (...), leg dich nicht mit Mister Zwischendrin an", lautet die Songzeile. Keine halben Sachen, die richtigen und die wichtigen Themen – das sind die, die es wert sind. An diese Projekte werden Sie sich noch lange erinnern.

Haben Sie ein Thema zu Ihrem Thema gemacht? Sind Sie bereit zum Ablegen? Hier kommt noch Proviant. So machen Sie Ihr Thema zum Erfolg.

Die Alternative ist die Initiative

An Neujahr holen manche feierlich die Liste der Ziele für das kommende Jahr hervor. Es werden neue Ziele gesteckt: Abnehmen, das Rauchen aufgeben, mehr Sport, mehr Zeit für die Familie, mehr lesen, mehr sparen oder eine Weiterbildung machen. Die Statistik zeigt dann Anfang Februar die Bilanzen des Scheiterns. Nur 5 % der Neujahrsvorsätze werden eingehalten. Viele nehmen sich gar nichts vor, weil sie denken, sie würden ohnehin scheitern.

Umso erstaunlicher, dass viele Unternehmen dieselbe Methode verwenden, um Verbesserungen in ihren Unternehmensroutinen zu installieren. Die Theorie besagt kurz: Man setzt Ziele, erreicht und erhält sie und baut auf dem Erreichten auf. Vor nicht allzu langer Zeit galt diese (hier etwas kurz gefasste) Version des Kontinuierlichen Verbesserungsprozesses (KVP) als erfolgversprechendes und hochmodernes Führungstool. Nachdem jetzt die Zahlen über die Vorsätze bekannt sind, stellt sich die Frage: Ist das zielführend oder versandet die Energie wie nach einem Neujahrsschwur?

≈ Erlebte Nachteile des Kontinuierlichen Verbesserungsprozesses (KVP)

Borretty Consulting beschreibt auf seiner Webseite die beim Kunden erlebten Nachteile von KVP:

„Eigentlich ist KVP (...) eine einmalige Erfolgsstory: sie ist weit verbreitet, ihre Kernelemente und Regelungen sind weitgehend akzeptiert, und vielerorts auch so effektiv, dass die Frage nach ihrer betriebswirtschaftlichen Rentabilität eigentlich nicht gestellt wird.

Andernorts ist schlichtweg Routine eingetreten: die großen Erfolgserlebnisse liegen lange zurück und sind nicht ständig reproduzierbar, viele ehemals tolle Errungenschaften, wie die wöchentlichen Teamsitzungen oder die eigenständige Urlaubsplanung, sind eher lästig geworden. (...) Aber das Bewusstsein ‚es gibt immer was zu verbessern', bleibt: der Kern des KVP-Gedankens.

Teilweise ist aber echte Ernüchterung eingetreten. Produktionsleiter fragen sich, ob der Aufwand lohnt (...). Mitarbeiter murren, weil schon wieder eine Sitzung droht, anstatt ‚richtig arbeiten' zu können. (...) In Ausnahmefällen wird

*KVP (...) schlicht eingestellt, häufiger aber so sehr vernach-
lässigt, dass er auf einen kaum erkennbaren Kern zurück-
gefahren wird, etwa die bloße Existenz von Gruppenspre-
chern ohne ernsthafte Aufgaben und Kompetenzen. "*

Davon abgesehen, dass es sich um ein „alteingesessenes"
Tool handelt, das einen Piraten in einen Verwalter verwan-
deln würde, ist klar, was das Problem ist. Niemand arbeitet
auf konstant hohem Niveau und verbessert sich von dort
auf das jeweils nächste Level. Diese Vorstellung ist so naiv
wie die vom ewigen exponentiellen Wirtschaftswachstum
oder von der Sinnhaftigkeit des Neujahrsschwurs. KVP ist
die Aufforderung zu einem niemals endenden Marathon,
bei dem man alle paar Kilometer die Geschwindigkeit erhöht. Dabei sind echte Richtungswechsel nicht vorgesehen.
Es geht schneller voran – nur wohin?

Die Alternative sind Initiativen. Mit der Initiative geht man
eine Sache an und verbessert sie, bringt die Angelegenheit
auf ein höheres Level, schließt damit ab und wendet sich
dem nächsten zu. So wechseln Sie Phasen von neuen Initiativen und Phasen von Erholung und Stabilisierung ab. Die
Probleme, die der klassische Verbesserungsprozess mit
sich bringt, treten gar nicht erst auf.

Selbstmanagement ist eine Führungsaufgabe, und Neujahrsvorsätze sind das KVP für die persönlichen Ziele. Auf
Platz eins der Neujahrsvorsätze der letzten Jahre liegen Abnehmen und gesunde Ernährung. Als Neujahrsvorsatz
scheitern diese Vorhaben öfter, als sie gelingen. Vor uns
liegt nämlich die unendlich lange Strecke des Durchhal-
tens, Kontrollierens, Weitermachens und als Belohnung:
das Erhalten des neu erreichten Status quo. Nicht so ver-
wunderlich, dass das häufiger schiefgeht als funktioniert.
Dasselbe Projekt als Initiative könnte dagegen so aussehen:

≈ Die Initiative Green Smoothie

Peer liebt Bücher. Zwischen zwei Destinationen unterwegs und in diesem kurzen, wunderbaren Zustand der Absichtslosigkeit, die Voraussetzung ist, etwas ganz Neues zu finden, betrat er die Bahnhofsbuchhandlung. Er griff nach dem Buch von Kimberly Snider (2014). Die frisch wirkende junge Frau, Ernährungsberaterin der Hollywoodstars, gibt ihr Alter nicht preis, um ihren Mythos zu erhalten. Sie verspricht nichts weniger als den Traumbody, ewige Jugend und Gesundheit – mit Green Smoothies. Das Werk faszinierte ihn und führte zu seiner Initiative „Täglich ein Green Smoothie", die auch von seiner Partnerin zu Hause mit Begeisterung aufgenommen wurde:

- *Rezepte ausprobieren und neu erfinden,*
- *weiter recherchieren, Essgewohnheiten infrage stellen,*
- *Neues ausprobieren,*
- *zum ersten Mal im Bioladen unterwegs,*
- *Tests um den richtigen Mixer,*
- *jeden Tag ein Green Smoothie,*
- *Beobachtung der Wirkung: besseres Hautbild, weniger Müdigkeit...*

Eine Zeit lang liefen beide auf der Spur. Doch irgendwann ließ das Bedürfnis nach einem täglichen Smoothie nach. Die Initiative hatte ein Plateau erreicht, eine Art Konsolidierungsphase. Doch bei Peer und seiner Partnerin hat sich grundsätzlich einiges in Vergleich zu früher geändert.

Beim Einkaufen kamen nun immer einige einfache grüne Zutaten in den Wagen, die Obstreste wanderten zwischendrin in den Mixer. Es gab zwar nur noch einmal die Woche „Trinkgemüse", aber unmerklich hatten Peer und seine Partnerin durch die Initiative ihre Gewohnheiten geändert.

Es war nicht das Ziel, das hohe Niveau zu erhalten, der während der Einführung einer Initiative ganz natürlich ist. Das Wichtigste der Initiative hatte überlebt und war nun zu einem Teil ihrer Gewohnheiten geworden. Unmerklich waren einige Eckpfeiler geschlagen worden. Unterwegs lieber einen Salat anstatt der Bockwurst, ein Abendessen ohne Getreidebeilage, neue Rezepte, die die alten zwar nicht ablösen, aber öfter ergänzen.

Der Kern einer guten Initiative taucht von selbst wieder auf und verändert stetig den Alltag. Initiativen bleiben so lange, wie sie gebraucht werden, und nicht alles bleibt für immer. Nichts muss krampfhaft erhalten werden, es bleibt, was sich organisch an das Leben anschließen lässt.

Aber Achtung! Ein „Jahr der Qualität" im Betrieb ist keine Initiative. Es braucht konkrete Anreize und klare Zielvorgaben, damit es vorangeht. Das „Jahr der Ernährung" wäre für die Smoothie-Initiative zu ungenau gewesen. Um Initiativen in Organisationen erfolgreich einzusetzen, ist es nötig, klare Vorgaben an die Hand zu geben.

Der Erfolg stellt sich mit der Initiative weniger linear ein. Gewohnheiten, weder beim Arbeiten noch privat, ändern sich nicht von heute auf morgen. Aber mit der Initiative ist ein Anfang gemacht, der sich in Wellen fortsetzen wird. Während Sie die eine Welle reiten, halten Sie Ausschau nach der nächsten. Fordern Sie sich in immer neuen Bereichen.

Mit Initiativen konzentrieren Sie sich auf eine Sache voll und ganz. Wenn Sie erfolgreich sind, multipliziert sie sich ohnehin in Ihrer Organisation (was nutzt, wird verwendet, da braucht es keine Anweisung). Sie selbst werden darauf zurückgreifen, wann immer Sie es als Tool benötigen. Veränderungen und Innovationen fühlen sich natürlich an und haben eine höhere Überlebenschance, solange sie gebraucht werden. Mit der Initiative bringen Sie Ihre Sache auf ein höheres Niveau, statt sie nur weiterzuentwickeln. Machen Sie kein Dogma daraus, denn Dogmen schaden.

Das letzte wichtige Merkmal der Initiative ist ihr Ende. Feiern Sie das Erreichte und halten Sie es nicht fest. Nur was gut ist, bleibt. Eine Initiative ist kein Innovationsmanagement, das am Ende verpufft und ausläuft. Initiativen sind nicht dafür gemacht, sich zu etablieren, denn Etabliertes wird nicht mehr infrage gestellt und versteinert. Bei der Initiative geht es darum, immer wieder den Kurs neu zu bestimmen, neue Wege einzuschlagen, sich selbst, seine Organisation, seine Crew den neuen Gegebenheiten anzupassen. Dorthin segeln, wo die Beute ist.

Wir sind so sehr gewohnt, dass wir, was wir aufbauen, auch erhalten wollen. Wir lieben das Gefühl, fertig zu sein. Aber wer fertig ist, ist am Ende. Wer fertig ist, will sich in Ruhe in seinen Ohrensessel setzen.

So hält man nicht Schritt mit einer Welt, die komplex und vernetzt ist. In dieser neuen Welt liegt aber die Zukunft. Eine Anpassung ist ein temporäres Unterfangen. Jánszky und Jenzowsky (2013) schreiben treffend: „Keine Firma wird über längere Zeit Marktführer bleiben", und schlagen als Lösung vor, das eigene Geschäftsmodell anzugreifen, bevor es ein anderer tut. Das ist, was Initiativen leisten können:

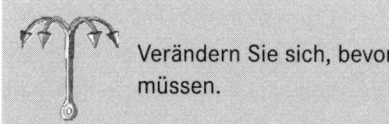

Verändern Sie sich, bevor Sie sich verändern müssen.

Anfangen und zu Ende bringen

Eine Shaolin-Weisheit sagt: „Lerne die Dinge ganz zu tun oder ganz zu lassen" (Moestl 2008). Es reicht nicht, etwas nicht zu tun. Das ist keine bewusste Entscheidung. Auf diese

Weise beginnen die Dinge, an Ihnen zu hängen, sie tauchen immer wieder auf. Nicht einfach nicht tun, sondern bewusst lassen. Damit werfen Sie Ballast ab, und Ihr Schiff wird schneller. Schleppen Sie nichts halbherzig mit sich herum.

Wenn Sie sich einmal entschieden haben, eine Sache zu unternehmen, dann fangen Sie an. Auch hier gilt: Alles, was halb fertig und unentschieden und nur in Ihrem Kopf existiert, ist Ballast. Ballast frisst Energie. Machen Sie einen Anfang, und sei er noch so klein.

 **Kaperregel:**
Man kann ein Schiff nicht halb kapern

- Dinge ganz tun oder ganz lassen.
- Die Sache anfangen.
- Die Sache fertig machen.
- Die Sache sein lassen.
- Die Sache stoppen.

Das laufende Projekt oder die Initiative dürfen keine Dauerbrenner werden. Dauerbrenner brauchen Energie, sie werden zu Energiefressern. Projekte sollen auch nicht einfach einschlafen. Eingeschlafenes wacht zum falschen Zeitpunkt wieder auf. Am Projektende gilt: Keine halben Sachen. Schließen Sie bewusst ab.

Außerdem: Keine toten Pferde reiten, dann doch lieber absteigen. Ist das Projekt nicht mehr zu retten, stoppen Sie es bewusst. Treffen Sie eine Entscheidung. Überall in Ihrem Leben, wo Sie nicht entscheiden, wird Ihnen die Entscheidung irgendwann abgenommen. Während Sie immer noch Energie verschwenden, das Thema eventuell auf kleiner Flamme weiterköcheln lassen oder einfach nicht Nein sagen können, macht das Leben seine eigenen Pläne. Wie man es dreht und wendet: Das Projektende ist genauso bedeutend wie die Entscheidung für ein Projekt an sich. Vielleicht noch bedeutender, denn am Ende wird die Beute gemacht. Ohne den bewussten Abschluss sehen Sie nicht, wie oft Sie eine Kaperfahrt zu einer unkomfortablen Kaffeefahrt haben verkommen lassen. Wer Initiativen und Projekte einschlafen lässt, entzieht sich zwar dem Scheitern, das allerdings rächt sich bitter. Scheitern ist der Beginn eines Lernprozesses, der uns die Koordinaten anpassen lässt. Entziehen Sie sich nicht, entscheiden Sie!

Die Beute ist gemacht, wenn man sie in Händen hält. Piraten holen sich die Beute und bringen sie auf ihre Insel, oder sie lassen es. Sie kreuzen nicht halbherzig in seichten Gewässern.

Essenz

- Erfolgreich sind die Besessenen – wahre Leidenschaft kann man nicht gleichzeitig an mehrere Themen vergeben.

- Aussortieren, nicht nur Priorisieren.

- Autorisieren, nicht nur Delegieren.

- Initiativen bringen Ihre Sache auf ein höheres Niveau, anstatt es nur weiterzuentwickeln.

- Ein zwanghafter Kontinuierlicher Verbesserungsprozess schränkt ein: keine Richtungswechsel, keine echten Innovationen, Motivationsprobleme und Zielkonflikte.

- Anfangen und abschließen.

Pareto-Prinzip und Piraten

 Durch das fleißige Aufbringen von Fischkuttern kommen Sie ins Schwitzen. Den Goldschatz allerdings erbeuten Sie mit hohem Risiko, aber überschaubarem Aufwand auf der spanischen Galeone.

Hüten Sie sich davor, Pflichten zu erfüllen. Es zählen Resultate, nicht Einsatz. Lassen Sie sich nicht dabei erwischen, dass Sie stolz auf Ihre Erschöpfung sind statt auf Ihre Ergebnisse.

Harte Arbeit

„Im Schweiße deines Angesichts sollst du dein Brot verdienen", so eine bekannte Bibelinterpretation. Piraten arbeiten da allerdings anders. Die meisten Menschen sind mit dem Grundsatz „harte Arbeit ist gut" – egal warum – irgendwie einverstanden. Diese Behauptung kann man gut prüfen:

Fragen Sie beispielsweise einen Kollegen nach dem Wochenende, ob er wieder auf der faulen Haut gelegen hat. Fragen Sie eine Bekannte, womit sie es sich eigentlich verdient hat, einen so tollen, neuen Wagen zu fahren. Man muss das Experiment gar nicht durchführen, um zu wissen, wie es enden wird: Rechtfertigungen und scharfe Zurückweisung werden einem entgegenschlagen. Stolz sind die meisten Menschen in der Regel auf die harte Arbeit, die sie geleistet haben, um sich etwas zu verdienen. Faulheit und sogar Erfolg sind verpönt. Wer dagegen Schwielen an den Händen hat, hat sich vor sich selbst und der Gesellschaft gerechtfertigt.

„Ehrliche Arbeit hat noch niemandem Schlösser eingebracht" – dieses Zitat wird Leo Tolstoi zugeschrieben. Es wendet sich damit an das Proletariat, das sich zu Tolstois Zeit die Schwielen für den Erfolg anderer anarbeitete.

Nimmt man den Gedanken ernst, bedeutet er gleichzeitig, dass niemand, der jemals für den Erfolg anderer gearbeitet hat, selbst erfolgreich sein kann. Denn es ist ein unhinterfragtes Vorurteil geworden, ein Teil unserer abendländischen Kultur: entweder ehrlich und arm oder reich und unmoralisch. In der Bibel heißt es außerdem: Eher geht ein Kamel durch ein Nadelöhr als ein Kaufmann in den Himmel. Bis heute bleibt das Selbstbewusstsein manches Besitzlosen darauf begründet, dass er nichts besitzt. Es scheint die natürliche Art der Ordnung zu sein.

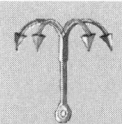

Kaperregel: Nicht entern, kapern

▪ Es geht nicht darum, Pflichten zu erfüllen.

▪ Nicht Einsatz, sondern Resultate zählen.

▪ Gewinnen, nicht recht haben.

∿ Aus dem Alltag

Ein Ehepaar war etwa zehn Jahre verheiratet. Die Frau war politisch aktiv und unterstützte soziale Projekte. Als großzügige Person teilte sie stets das Wenige, was die beiden hatten, mit Bedürftigen. Als der Vater ihres Mannes starb, stellte sich heraus, dass dieser mehr Geld besessen hatte, als bekannt gewesen war. Der Mann erbte ein kleines Vermögen. Plötzlich sah er, dass die Sorgen um die Altersversorgung für ihn und seine Frau der Vergangenheit angehörten. Die beiden hatten großes Glück. Als er seiner Frau davon berichtete, und auch davon, dass er plante, ein Mehrfamilienhaus zu kaufen, um das Alter durch die Mieteinnahmen abzusichern, war sie entsetzt. Sie sagte: „Ich will nicht zu diesem Vermieterpack gehören! Ich bin nicht so ein Blutsauger!" Sie brauchte einige Zeit, um mit der neuen Situation ohne schlechtes Gewissen umgehen zu können. Und sie war dann im Laufe der Zeit ziemlich er-

staunt, wie hart und unangenehm der Alltag eines Vermie-
ters auch aussehen kann, sie hatte vorher immer nur die
Perspektive der Mieter eingenommen.

Erfolgreiche und vermögende Menschen werden mit Misstrauen beäugt. Was haben sie getan, dass es so weit gekommen ist? Ehrliche Arbeit kann es ja wohl nicht gewesen
sein... Diese Einstellung ist interessanterweise häufig in
Europa zu finden. In den USA dagegen ist Erfolg nicht so
verdächtig wie hierzulande. Der amerikanische Ölmagnat
J. Paul Getty wird so zitiert:

> *„Um es im Leben zu etwas zu bringen, muss man früh aufstehen,*
> *bis in die Nacht arbeiten – und Öl finden."*

Getty spricht über harte Arbeit. Und rückt deren Bedeutung
für seinen Erfolg ins rechte Licht. Harte Arbeit ist es gerade
nicht, die es ihm ermöglicht hat, sein Imperium aufzubauen, sondern die Tatsache, dass er Öl gefunden hat.

Getty war der Sohn von George Getty, der vor ihm ein Imperium in Öl machte. Tatsächlich war Getty junior zwar auf die
Kosten seines alten Herrn zur Uni gegangen, hatte danach
aber schnell und höchst selbständig ein Vermögen mit „oil
leases" gemacht, dabei wird gegen Gebühr auf dem Land
anderer nach Öl gebohrt. Getty junior machte seine erste
Million. Anschließend, im zarten Alter von 26 Jahren, leis-
tete er sich den Ruhestand und konzentrierte sich einige
Jahre auf seine Freizeit. Ein Pirat, der die Insel nicht vergessen hatte.

Kaperregel: Kapern Sie keine Fischkutter

- Das Leben ist einfach zu kurz für Nebensächlichkeiten.
- Nicht viele gute, sondern wenige geniale Präsentationen, also wenige große Erfolge.
- Piraten denken ökonomisch.

Recht hat er. Es geht nicht darum, Pflichten zu erfüllen, hart zu arbeiten und Schwielen zu bekommen. Resultate zählen, nicht Einsatz: Öl finden, nicht Öl suchen. Es reicht nicht nur nicht, wenn Sie hart gearbeitet haben und kein Ergebnis erzielen. Es ist geradezu unmoralisch aus der Sicht des Piraten. Piraten verdienen ihr Geld nicht im Schweiße ihres Angesichts. Sie machen Beute, um nachher mehr Zeit auf der Insel zu haben. Sie suchen nach und profitieren von den lukrativsten Gelegenheiten. Sie arbeiten klug, nicht hart. Es lohnt sich, einmal die Art des eigenen Arbeitens zu hinterfragen, denn:

Harte Arbeit ist nur ein Hobby, solange dabei keine guten Resultate erzielt werden.

Pareto-Prinzip

Mit 20 % des Arbeitsaufwands erwirtschaftet man 80 % des Ertrags. Die Faustformel ist unter dem Begriff „Pareto-Prinzip" bekannt geworden. Das Pareto-Prinzip hilft dem Piraten, das richtige Projekt zu wählen. Das erfolgversprechendste Projekt ist dasjenige, bei dem mit wenig Aufwand viel erreicht werden kann.

Das Pareto-Prinzip bedeutet auch, dass 80 % des Arbeitsaufwandes zu häufig völlig ins Leere laufen. Die Idee, dass man da durchmuss oder dass Arbeit den Charakter bildet, ist vielleicht biblisch, aber nicht effektiv. Das gilt nicht nur für das Business, sondern für einfach jedes Projekt, dessen man sich annimmt.

> *„I never did anything worth doing by accident, nor did any of my inventions come by accident"*

ist ein Zitat von Thomas Alva Edison. Der Mann, der die Glühbirne erfand, hatte also mitnichten einfach einen Geistesblitz (Israel 1998). Er sorgte dafür, dass die Umstände ihm zuarbeiteten. Arbeiten, die er nicht selbst erledigen musste, delegierte er an fähige Mitarbeiter. Er arbeitete nach der effektivsten Methode, die wir bis heute kennen: zielgerichtete Forschung. Heute gilt sein Labor als der Vorläufer der modernen technischen Entwicklungsabteilung. Edison war so produktiv, dass er am Ende seines Lebens weit über 1000 Patente eingereicht hatte.

Die wichtigere Frage bleibt also neben der, welches Projekt sich lohnt: Welche Projekte sollte man unterlassen? Die Antwort klingt nur auf den ersten Blick unspektakulär: Unwichtiges, Unwirtschaftliches, Uneffektives. Alles, was das Verhältnis von Aufwand und Ertrag in einem schlechteren Verhältnis als 20 zu 80 darstellt, ist nicht lukrativ genug, um das eine, das Erfolg versprechende Projekt zu sein.

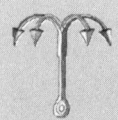

Ist das mein Ding?

- Hängt die Höhe der Beute vom Arbeitseinsatz ab?
  - Ja, dann delegieren Sie es.
- Beginnt das Erlebnis bereits mit der Vorfreude?
  - Nein, dann lassen Sie es.
- Ist sichergestellt, dass alles übersichtlich und einfach bleibt?
- Kennen Sie die Risiken?
  - Es gibt keine. Dann lohnt sich das Projekt nicht.
- Woran messen Sie die Qualität Ihres Projekts?
  - Spaß,
  - Pflichterfüllung,
  - Umsatz/Gewinn,
  - Macht.
- Schaffen Sie einen Mehrwert?

Perfektionisten sterben früher

Wer nach dem Pareto-Prinzip arbeitet, umschifft damit gleich eine weitere Klippe: den Hang zur Perfektion. Wer perfekt sein will, will fehlerlos sein. Aber die Welt ist voller Fehler, wir alle machen Fehler und lernen daraus. Wer perfekt sein will, kann gar nichts tun, weil Perfektion lähmt. Bevor man etwas unternimmt, hemmt einen schon die Angst, einen Fehler zu machen. Und so unternimmt man lieber gar nichts, ändert nichts und lässt alles, wie es ist: Unperfekt, aber man ist wenigstens nicht schuld daran – schließlich hat man buchstäblich nichts gemacht.

Wissenschaftler haben herausgefunden: Perfektionisten sterben früher. Sie sind wenig entspannt und ständig überarbeitet. Prem Fry von der Trinity Western University in Kanada fand in seinen Forschungen, dass Perfektionisten eine um 51 % erhöhte Wahrscheinlichkeit haben, früher zu sterben als die nicht perfekte Vergleichsgruppe.

In den *48 Gesetzen der Macht* (Greene 2001) bringt es Greene auf den Punkt: „Nie perfekt sein wollen." Denn: Niemand mag die 100 %igen, die immer noch etwas zu kritisieren haben. Perfektion lähmt, Perfektionisten sind die Kollegen mit den Killerphrasen, sie lassen die Innovativen mit den frischen Ideen im Team auflaufen und ersticken so jeden Fortschritt im Keim. „Perfektion ist zwanghaft und tut am Ende weh", so drückt Fournier (2015) es aus. Der Autor hat dem Kampf gegen den Perfektionismus ein Buch gewidmet.

Ursachenanalyse mit Pareto

Bei der Analyse der Reklamationsquote oder der Ausschusszahlen in der Produktion hilft das Pareto-Prinzip, die Ausfälle zu reduzieren. Auch hier werden die Ursachen für in etwa 80 % aller defekten oder beschädigten Produkte auf 20 % aller möglichen Ursachen zurückzuführen sein. Wenn man also die richtigen 20 % der Fehlerursachen abstellen kann, werden damit 80 % aller fehlerhaften Teile zukünftig in guter Qualität hergestellt.

Manchmal muss trotzdem alles passen: Das Schiff muss zu 100 % dicht sein. Wenn die Abwehr Ihres Lieblingsfußballvereins mit der Abseitsfalle spielt, dann bitte alle Verteidiger. Vorsicht ist insbesondere auch bei Qualitätsthemen geboten. Wenn nur vier Fünftel der Teile fehlerfrei aus der Maschine kommen, lohnt sich selten ein Projekt. Sie möchten auch nicht, dass nur 80 % Ihres gekauften Produkts fehlerfrei laufen, Sie haben schließlich 100 % bezahlt. In einigen Fällen lohnt sich Perfektionismus also doch und kann sogar überlebenswichtig sein: In den Forschungen des kanadischen Wissenschaftlers Fry gab es die eine Gruppe von Menschen, die Perfektionisten waren, aber entgegen den sonstigen Untersuchungsergebnissen länger lebten als die Vergleichsgruppe. Es handelte sich um die Gruppe mit Typ-2-Diabetes. Die Krankheit lässt sich durch penibelstes Befolgen der Medikamentierung zu bestimmten Zeiten und häufig auch durch disziplinierte Essgewohnheiten beeinflussen. Wer hier perfektionistisch war, lebte also länger.

Piraten arbeiten für den Erfolg. Deshalb arbeiten und denken Sie über Ihre Projekte unter ökonomischen Gesichtspunkten nach. Das gilt nicht nur für den einzelnen Piraten. Auch die Organisation, die nach dem Piratenprinzip vorgeht, folgt dieser Logik (Leeson 2009). Unterscheiden Sie, wann Perfektion ein Hemmschuh und wann sie unerlässlich ist.

Essenz

- Nicht Einsatz, sondern Resultate zählen.
- Seien Sie nicht stolz auf Ihre Erschöpfung.
- Für den Erfolg und nicht für die Erschöpfung zu arbeiten ist eine Frage des ökonomischen Denkens.
- Piraten lieben das Pareto-Prinzip: 20 % des Aufwands bringen 80 % des Erfolgs.
- Perfektion ist selten notwendig, meistens lähmt sie.

Immer ein Mann im Ausguck

Der Pirat segelt nach eigenen Seekarten und weiß jederzeit um die Untiefen und die Inseln mit den Nahrungsvorräten. Der moderne Pirat pflegt sein Netzwerk außerhalb und innerhalb der Firma. Er führt sich sein Ziel immer wieder vor Augen und behält den Überblick.

Mit der Vielfalt der Aufgaben sinnvoll umzugehen ist Grundlage für Erfolg. Wer dabei die Richtung verliert, kommt nicht am Ziel an und bleibt auf See. Deshalb hat der Pirat immer einen Mann im Ausguck. Ziel ist es, den Überblick im Meer des Alltags zu behalten und heil anzukommen. Das eigene Ziel muss man sich immer wieder vor Augen führen, um fokussiert zu bleiben.

Man stelle sich ein Segelschiff vor, auf dem die Reling frisch gestrichen wird, während das Beiboot gerade eingeholt wird und noch viele andere Dinge ablaufen. Dennoch ist der Kurs des Schiffes zu jeder Zeit klar. Auf unserem eigenen Boot im Alltag lässt man sich oft durch die vielen einzelnen Tätigkeiten ablenken. Niemand steht dann am Ruder und hält Kurs. Kurs halten, das ist aber die zentrale Aufgabe. Es scheint, als würden wir uns durch die Kleinigkeiten ablenken lassen, immer wieder bleibt die Erkenntnis: Wir müssen uns die Zeit dafür nehmen. Täglich, möglicherweise mehrmals. Das wichtige Thema muss man sich stets vor Augen und immer strukturiert halten. Es hat die höchste Priorität.

All die Einwürfe, die uns jeden Tag zugeworfen werden! Es sind oft die kleinen Störungen, die uns vom Weg abkommen lassen, als würde die Strömung unser Schiff abtreiben lassen. Dabei geht es nicht nur um die Anrufe und dringenden Mails oder den Kollegen, der immer wieder unterbricht, sondern auch um das, was uns selbst noch im Kopf herumgeht, während wir eigentlich bei unserer Sache sein wollten. Simpel und effektiv: Es hilft die To-do-Liste oder ein Kalender. Alles, was nebenher, also neben der eigentlichen Sache, noch wichtig ist, wird aufgeschrieben. Eigentlich sollte es wegschreiben heißen, denn so sind die Dinge aufgeräumt und man kann sich weiter auf das Wesentliche konzentrieren.

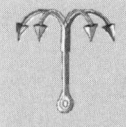 **Kaperregel: Immer ein Mann im Ausguck**

- Verlieren Sie Ihr Ziel nicht aus den Augen.
- Nehmen Sie sich oft Zeit, um sich das Ziel vor Augen zu führen.
- Verlassen Sie nicht das Steuerrad, ohne sicherzustellen, dass das Schiff auf Kurs bleibt.

Eine weitere Organisationsmöglichkeit für den Piraten ist das schwarze Buch. In Form eines Kalenders oder einer Kladde hat man es immer griffbereit. So geht nichts verloren und man hat den Kopf frei für das Projekt. Gleichzeitig sorgt es dafür, dass man alles Wichtige dokumentieren kann, ohne dabei eine neue Ordnung erfinden oder einen neuen Vorgang anlegen zu müssen. Ein Datum oben am Rand reicht als Ordnungsschema aus. Die Einordnung nach Zeit und Datum kommt dem menschlichen Gehirn am nächsten.

Die Generation der Digital Natives mag jetzt sagen: Buch? Das ist retro. Aber das schwarze Buch kann zur persönlichen schwarzen Flagge werden. Kollegen und Vorgesetzte wissen schnell, dass man informiert ist und Vereinbarungen mitprotokolliert. Sie wissen aber nicht, was denn nun eigentlich im Buch steht. Das nimmt einigen Angriffen schon den Wind aus den Segeln. „Ich habe mir dazu aufgeschrieben…" ist ein mächtiger Satz in einer Sitzung. Am Anfang macht das schwarze Buch die Kollegen glücklich, weil es ihnen Arbeit spart. Sie müssen die Besprechungsergebnisse nicht mehr selbst dokumentieren. Sie erarbeiten sich zuerst Respekt und dann Vertrauen mit dem Buch. Wie sehr Sie durch Ihre Dokumentation die Kontrolle über die Ergebnisse von Teamarbeit übernehmen, wird zunächst den wenigsten auffallen. Auch moderne Methoden, eine der zahlreichen Apps wie Evernote oder andere digitale Helfer, um auch gleich den Link ins Netz oder Bilder mit einzubinden, dürfen zum Einsatz kommen.

Essenz

- Bleiben Sie fokussiert, auch wenn das zusätzlichen Aufwand bedeutet.
- Lassen Sie sich nicht ablenken.

Hintergrundinfo: Warum gerade jetzt?

Warum wird Piraterie gerade jetzt aktuell?

Die Piraterie erlebte zwischen dem 15. und 18. Jahrhundert eine Hochphase. In dieser Zeitspanne ging auch Kolumbus auf große Fahrt. Die Seewege nach Asien wurden entdeckt und das British Empire eroberte die halbe Welt. Es war der Beginn der ersten Globalisierung.

1550 bis 1730 waren goldene Jahre für Piraten, und das nicht zufällig. Zu dieser Zeit begann die Internationalisierung des Welthandels (Parker 2012). Strukturell ähneln die Veränderungen dieser Zeit denen, die wir heute erleben. Die Welt wurde mit den Entdeckungen dieser Epoche ein Stück kleiner. Auch heute ist das wieder so. Gewissheit schließt die Unendlichkeit der Möglichkeiten und macht die Welt kleiner und übersichtlicher.

Die Entdeckung Amerikas und der Seewege nach Asien war der Beginn neuer Bewegungsfreiheit. Auch Piraten profitierten von diesen Gegebenheiten. Dabei begaben sie sich in Gefahr, aber vor allem nutzten sie die neuen Freiheiten. Bis heute verbinden wir mit der historischen Piraterie Abenteuer und die Entdeckungen in einer Welt voller Unsicherheiten, die sich damals langsam in Gewissheiten verwandelten.

In dem Maße wie die Karten neu gezeichnet wurden, entstanden scheinbar unzweifelhafte Sicherheiten. Gewissheit entstand dort, wo zunächst neue Fragen auftauchten und schließlich Antworten auf diese Fragen gegeben wurden. Die Lücken schließen sich in dem Maße, wie zunächst die weißen Flecken auf der Landkarte entstehen und schließlich gefüllt werden. Die Hochphase der Piraterie war die unsichere Zeit, in der sich Lücken schlossen, die man vorher noch nicht einmal wahrgenommen hatte, obwohl sie kraterhaft riesig waren. Das Wissen um Navigation, um andere Kulturen oder um sich selbst in der Gesellschaft, kurz, das Wissen um die Beschaffenheit der Welt veränderte sich während dieses Prozesses tief greifend.

Die Rahmenbedingungen der historischen Hochphasen der Piraterie sind denen der Gegenwart sehr ähnlich.

Die Neuordnung der Landkarte im 16. Jahrhundert unterlag einem solchen Prozess. Zunächst wurde die für das damalige Weltbild aberwitzige Idee, die Erde sei eine Kugel, angezweifelt. Bis diese akzeptiert war, mussten einige Besserwisser hierfür zunächst ihren Hut nehmen, wenn nicht gar ihr Leben lassen. Danach waren die weißen Stellen auf der Landkarte innerhalb kurzer Zeit erst umkämpft und dann mit Fähnchen besteckt.

Sehen wir heute zurück, betrachten wir die Menschen dieser Zeiten oft als rückständig und ungebildet. Das verzerrt unsere Wahrnehmung. Wir halten uns für weiter, für besser und vor allem für fertig, für angekommen. Wir scheinen zu wissen, wo es langgeht. Wir wissen, wer wir sind und in welcher Welt wir leben. Wir nehmen an, dass wir heute nicht mehr hinterm Mond leben, wir wissen alles, schließlich haben wir Internet. Wo sollen da noch weiße Flecken auf unserer Landkarte sein?

Auch für die Gesellschaft im 16. Jahrhundert war die Welt fertig und erklärbar: Die weißen Flecken auf der Landkarte zu Kolumbus' Zeiten waren unsichtbar, bis sie entdeckt wurden. Die Menschen stellten das Weltbild der damaligen Zeit nicht oder nur schwerfällig infrage.

Menschen sind ökonomisch in Wahrnehmung und Denken. Sie stellen sich keine Fragen, solange der Schmerz nicht groß genug ist. Neu denken ist der Fluch und der Segen derer, die leiden. Neuland betreten die, die nichts zu verlieren haben. So kommt es immer wieder zu den großen Umwälzungen der Menschheitsgeschichte. Zu neuen Erkenntnissen, neuen Sichtweisen und neuen Machtverhältnissen, die viele nicht kommen sehen – weil sie nicht müssen.

Segeln Sie weiter auf Seite 111

Literatur

Boretty Consulting: *www.borretty.de/angebote/kontinuierliche-verbesserung. html*

Drucker, P. F.: *The Effective Executive*. Vahlen, München 2014.

Forschelen, B.: *Kompendium der Zitate für Unternehmer und Führungs-kräfte*. Springer Gabler, Wiesbaden 2017.

Fournier, S.: *Schlau statt perfekt*. Business Village, Göttingen 2015.

Greene, R.: *Power. Die 48 Gesetze der Macht*. dtv, München 2001.

Israel, P.: *Edison – A Life of Invention*. Wiley, New York 1998.

Jánszky, S.; Jenzowsky. S.: *Rulebreaker – Wie Menschen denken, deren Ideen die Welt verändern*. Goldegg, Wien 2013.

Leeson, P. T.: *The Invisible Hook – The Hidden Economics of Pirates*. Princeton University Press, New Jersey 2009.

Moestl, B.: *Shaolin – Du musst nicht kämpfen, um zu siegen*. Knaur Ratgeber, München 2008.

Newport, C.: *Konzentriert arbeiten*. Redline Verlag, München 2017.

Pais, A.: *Raffiniert ist der Herrgott... Albert Einstein. Eine wissenschaftliche Biographie*. Spektrum, Heidelberg 2010.

Snider, K.: *Der Beauty Detox Plan*. Random House, München 2014.

Watton, J.: „Death by perfection". *TWU News Archive*, online, Trinity Western University, Canada 2010.

2 Piratenprinzip „schlank" – Ballast abwerfen

Die Verbindung von Einfachheit und einem schlanken Lebensstil führt zum piratischen „lean". Ein Pirat muss bei Besitztümern abspecken, alles muss auf einem Schiff Platz finden. „Lean" bedeutet auch Einfachheit. Klare Regeln und Prozesse sind feste Bestandteile des Erfolgsprinzips.

Mit dem piratischen „lean" wendig werden

 „Schlank" beziehungsweise „lean" ist ein Erfolgsprinzip der Piraten aller Zeiten gewesen. Piratenschiffe konnten Handelsschiffe kapern, weil Sie oft auf schweres Gerät wie Kanonen verzichteten. Entern, also die tatsächliche Arbeit, wird mit leichtem Werkzeug ausgeführt. Dafür hatten Piraten Enterhaken und Säbel. Ein schlankes Schiff ohne viel Ballast bewegt sich einfach schneller, kann die Richtung spontaner wechseln und ist wendiger. Das hat schon so manches schwer beladene Handelsschiff seine Schätze gekostet, einige Piraten reich gemacht oder vor dem Galgen bewahrt.

Machen Sie Ihr Schiff leicht, damit es höher im Wasser liegt. So werden Sie schneller, so können Sie den Enterhaken von oben herabwerfen. Schlank sollten Sie sich als Privatpirat und als Organisation machen. Die Schlankheitskur ohne Jo-Jo-Effekt hat zwei Bestandteile:

- Im ersten Schritt werden Prozesse und Regeln vereinfacht und wird damit gezeigt, wie „lean im Kopf" funktioniert.
- Im zweiten Schritt geht es dann um die Hardware, den Ballast der Dinge und Besitztümer. „Ein Drittel vom Besten" verschlankt und konzentriert Assets, Besitz und Erwartungen.

Das Prinzip „schlank" ist gut in unser modernes Leben integrierbar. Allenthalben schlagen uns die Forderungen nach Flexibilität entgegen. Wir müssen uns leicht machen, um uns den immer schneller werdenden Veränderungen anzupassen. Mit dem piratischen „lean" wird man wendig und gefährlich wie ein Piratenschiff vor dem Entern.

Essenz

Das „schlank" der Piraten entsteht durch die
Kombination von einfach und lean:

- Einfach – schlank im Kopf.
- Lean – schlank bei Besitz.

So einfach wie möglich

Piraten sind klar in ihrer Struktur, ihrem Prozess, ihrem Denken und ihren Beziehungen. Sie
sind strukturiert, aber nicht perfektionistisch.

Sind Strukturen klar ohne Perfektionismusanspruch, so
sind sie unmittelbar nachvollziehbar und damit auch einfach. Einfachheit führt zu Effektivität und Schnelligkeit.

Das kann mitunter sehr ungerecht sein.

Es ist effektiv, den Aufwand zu reduzieren. Das gilt sowohl
für die Organisation als auch im Privatleben. Soweit klar,

aber wie umsetzen? Piraten leben nach dem Prinzip: Das Ergebnis zählt. Unnötiger Aufwand wird deshalb aufgespürt und entfernt, um einfach zu werden. Tatsächlich kann die Prüfung und Vereinfachung eine ganz eigene Herausforderung darstellen. Einfach ist nicht so einfach, wie es sich anhört.

> *„Alles sollte so einfach wie möglich gemacht werden. Aber nicht einfacher."*
>
> *Albert Einstein*

Sie sind von vielen Strukturen umgeben, in denen Sie auf Regelungen treffen oder selbst Regeln aufstellen. In Ihrem Privatleben regeln Sie Ihren Tagesablauf, Ihre Freundschaften, Verpflichtungen und Hobbys. In der Organisation regeln Sie Ihren Arbeitsplatz, die Abteilung oder den ganzen Laden. In allen Fällen sind dabei wenige Regelungen besser als viele.

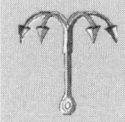 **Regeln Sie nur das Nötige, nicht das Mögliche!**

Denn je mehr Regelungen es gibt, desto unflexibler werden alle Prozesse. Das macht es schwerer, sich, die Organisation oder den Produktionsprozess an neue Gegebenheiten anzupassen. Jede Regelung muss außerdem kontrolliert werden. Regeln, die nicht kontrolliert werden, nehmen sich selbst nicht ernst. Sie werden von denjenigen, die von der Regelung betroffen sind, als ein Instrument wahrgenommen, mit dem der Vorgesetzte seine Macht zeigt. Denn die Regel ist nicht wichtig genug, als dass auf ihre Einhaltung bestanden würde. Regelungen müssen rar, einfach und konsequent sein. Sie müssen kontrolliert und konsequent angewendet werden. Bei Nichteinhaltung müssen klare

Konsequenzen folgen. All das kostet Zeit und Energie. Die muss sich an der Stelle auch lohnen, sonst wäre diese Zeit besser bei Ihrem Projekt eingebracht.

Was nicht einfach ist, ist langsam wie eine voll beladene Galeone mit komplexer Befehlsstruktur. Piraten profitieren von der Einfachheit in allen Belangen, weil sie dadurch schneller und flexibler sind als der Wettbewerb oder der Arbeitskollege.

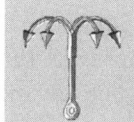 **Kaperregel: Ein Schiff, ein Anker**

- So wenig wie möglich von allem.
- Einfachheit schafft Klarheit und Transparenz.

Verständliche und damit gute Kommunikation ist einfach, nicht kompliziert. Dabei ist es aufwendiger, nach der einfachen und klaren Formulierung zu suchen, als es kompliziert zu sagen. Klare Worte findet man, wenn man klar und einfach gedacht hat.

Erst wenn man es klar und einfach sagen kann, hat man auch zu Ende gedacht.

Bis zum Ende denken bedeutet beispielsweise bei der Kundenkommunikation, über die Fertigstellung des Produkts hinauszudenken. Erst nachdem es die Schnittstelle zum Kunden passiert, ist das Produkt wirklich fertig. Eine Form der Kundenkommunikation sind Bedienungsanleitungen. Sie sollen verständlich und einfach sein. Sie sind für den Kunden der Zugang zum Produkt. Wenn sie nicht funktionieren, nicht einfach und nicht klar sind, bleibt von einem guten Produkt ein schlechtes Bild. Bedienungsanleitungen sind Kundenkommunikation. Man kann sie handhaben wie ein Pirat. Oder man kann mit der Kommunikation das Vertrauen der Kundschaft in den Wert des Produkts vernichten, indem man kompliziert, schlampig oder desinteressiert wirkt.

⌇ Das Prinzip Einfachheit

Beim Discounter gibt es eine Kaffeemaschine, die so preiswert ist, weil sie in Asien gefertigt wurde. Dabei wurde auf einiges Wert gelegt, nur nicht auf die Schnittstelle zum Kunden. Das Verkaufsargument ist schließlich der günstige Preis. Die Bedienungsanleitung ist deshalb in 20 Sprachen schlecht übersetzt. Es handelt sich um ein DIN-A3-Papier, bedruckt in Schriftgröße 8. Wer versucht, das zu lesen, wird verzweifeln. Die Kommunikation ist unklar, kompliziert und umständlich lang. Im Prinzip hat die Kaffeemaschine einen Ein- und Ausschalter. Man muss ihr Strom zuführen und sollte eine Filtertüte mit Kaffee hineingeben, bevor es losgeht. Wer dazu eine Bedienungsanleitung benötigte, käme nie zu einem Kaffee.

Das Gegenbeispiel dazu liefert IKEA. Die Anleitungen sind höchst durchdacht, bestehen aus nummerierten Bildern, und wirklich jeder kann verstehen, wie der doch nicht ganz simple Schrank zusammengebaut werden kann. „Einfachheit" ist ein Prinzip von IKEA, das von nur einem Werkzeug zum Zusammenbau, dem Inbusschlüssel, bis zur Kundenkommunikation mittels Bedienungsanleitung durchgehalten wird. In das Prinzip Einfachheit fließen hier einige Entwicklungszeit und Ressourcen. Sie macht einen Teil des Alleinstellungsmerkmals des Unternehmens aus. IKEA ist damit sehr erfolgreich.

Es sind die pragmatischen, einfachen Lösungen, die am erfolgversprechendsten sind. Am Anfang wird Sie das Finden und Anwenden des Prinzips „Einfachheit" möglicherweise mehr Energie kosten als die alten, komplizierten Lösungen, die wir alle so gewohnt sind.

 Einfache Strukturen und Regelungen helfen, Fehler zu vermeiden. Sie schaffen Transparenz und Klarheit.

Wer durchblickt, macht keine Fehler – das ist, was Transparenz leisten kann. Je komplexer ein Prozess ist, desto schwieriger ist er zu verstehen und desto anfälliger ist er für Fehler. Wenn es einfach wird, lässt sich alles schneller erledigen, Ihr Arbeitstempo nimmt also zu.

〰 Clever Fit

Die erfolgreiche Fitnesskette Clever Fit vereinfachte den Tarifdschungel (Sechs, zwölf, 24 Monate? Mit oder ohne Drink? Mit oder ohne Einzelstunden?). Ein Tarif, eine Leistung, ein klares und einfaches Angebot, das wegen seiner Reduzierung auf das Wesentliche auch noch günstiger ist als die Konkurrenz. Fit, sonst nichts: keine Kinderbetreuung, keine Sauna, keine Kurse. Das kommt bei der Kundschaft gut an.

Für die Zusammenarbeit und in Gesellschaft mit anderen Leuten ist Einfachheit ebenso ein Gewinn. Wenn Sie das Vertrauen der Menschen um Sie herum genießen, wird vieles einfach. Wenn man sich unkompliziert und nachvollziehbar verhält, gewinnt man Vertrauen. Misstrauen steigert die Komplexität, Komplexität bewirkt Fehleranfälligkeit. Wo Vertrauen herrscht, geht es um die Dinge, die zu erledigen sind. Wo das Vertrauen fehlt, geht es um Eitelkeiten, Schutzbedürfnis, argwöhnisches Begutachten und Bewerten des Gegenübers. Und auch um die Frage, ob der andere überhaupt inhaltlich über den Prozess spricht oder über die gestörte Beziehung.

„Könnten Sie den Kaffee kochen?" ist eine schlichte Frage. Wenn das Vertrauen zwischen den Sprechenden fehlt, hört der Gefragte aber vielleicht etwas anderes. Zum Beispiel: „Nie kochen Sie den Kaffee! Dass man Ihnen das auch noch sagen muss" oder: „Sie taugen nur zum Kaffeekochen." Die Reihe dessen, was das Gegenüber hören kann, ließe sich fortsetzen. In jedem Fall macht fehlendes Vertrauen die Sachlage nun komplexer. Je nachdem wie es ausgeht, haben Sie danach einen beleidigten Kollegen, eine leere Tasse und eine Sitzung, bei der der Kunde nicht mal Kaffee vor sich hat. Oder Sie haben Kaffee, aber dafür neuen Gesprächsstoff für den Flurfunk. Den Sie nicht mehr kontrollieren können. Der Ihnen über den Kopf wachsen wird, wenn es noch mehr Leute gibt, die Ihnen nicht vertrauen.

Das Erfolgsgeheimnis ist, die für einen Prozess verwendeten Faktoren zu reduzieren. Weniger ist mehr. Wie diese Faktoren kombiniert werden, darüber soll es möglichst wenig Regelungen geben. Damit schafft man maximale Flexibilität und reduziert Komplexität.

Das Kontrollieren von komplexen Prozessen ist ein unübersehbarer Aufwand. Je kleinteiliger die getroffenen Regelungen sind, desto kleinteiliger muss die Einhaltung der Regeln kontrolliert werden. Wenn Sie also spontan eine Abneigung gegen die Kontrolle eines Prozesses entwickeln, wissen Sie, dass er zu komplex ist. Sie möchten ihn nicht kontrollieren müssen – wie geht es da denen, die den Prozessablauf einhalten sollen. Schaffen Sie also keine Prozesse und keine Strukturen, bei denen Ihre Mannschaft Sie nötigen wird, sie wieder zu ändern – weil sie nicht praktikabel, weil sie nicht einfach und nicht schlank genug sind.

Ein Prozess muss auf Anhieb nachvollziehbar sein und sich auf das Wesentliche konzentrieren.

Was ist mit Vielfalt und Unterschiedlichkeit? Vielleicht wollen Menschen sich ganz individuell ausdrücken, anstatt einen starren Prozess serviert zu bekommen? Komplexität kann auch anregend sein und positiv „stressen". Aber eine unüberschaubare Menge und viele Details führen sehr bald von komplex zu kompliziert. Was zu Beginn bereichernd wirkte, ist schließlich nur noch schwierig zu handhaben (Fourier 2015).

Unkontrollierbare Regeln sind nicht praktikabel. Regeln sollen den Prozess unterstützen und sonst nichts. Deshalb sind einfache und für jedermann einsichtige Strukturen gut. Sie zeigen, dass es um das Projekt und nicht um die Macht oder die Ehre geht. Bei den wenigen, einfachen Regelungen gibt es keine Ausnahmen. Das sichert den nötigen Respekt gegenüber dem Projekt, der Führung und dem Prozess. Wenige Regeln führen automatisch dazu, dass sie eingehalten werden. Zum einen, weil sie einfach zu kontrollieren sind. Zum anderen, weil Ausreden, man kenne die wenigen und einfachen Regeln nicht, unglaubwürdig wären. Wenn Sie beispielsweise bei einem Meeting Spätkommen, Ins-Wort-Fallen und Überziehen der Sitzungsdauer nicht erlauben sowie eingeschränkte Redezeiten pro Person einführen, dann werden die Sitzungen effektiver, effizienter und vor allem die Beteiligten motivierter.

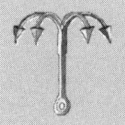

Es sind nur sehr wenig Regeln nötig. Die wenigen Regeln werden dann besser eingehalten.

Historische Piraten haben das stets so gehalten. Die Regelungen auf den Schiffen waren einfach und dienten der Sache: Beute machen. Es war für jedermann sofort zu verstehen, warum über das Vorhaben nicht an Land geplaudert werden durfte. Die drakonischen Strafen, wenn die Regeln nicht eingehalten wurden, waren vorab bekannt und wurden so konsequent angewendet, dass es nur selten zu einer Regelverletzung kam.

Man kann es sich leichter machen, wenn man in seiner Art zu denken und im Verhalten einfach wird. Denn das Ziel ist, alles leichter zu machen. Das hat nichts mit Faulheit zu tun, sondern mit Effektivität. Das Ergebnis zählt, nicht der Aufwand und noch weniger die Anstrengung! Sie sind möglicherweise gut, wenn Sie einen komplexen Prozess beherrschen. Aber deshalb noch lange nicht erfolgreich damit.

Seien Sie achtsam, wenn jemand an Komplexität und aufwendigen Strukturen festhält. Es könnte sein, dass diese seine Existenzberechtigung sind. Insbesondere tritt dieses Phänomen auf, wenn derjenige der Einzige ist, der den Prozess noch versteht. Er zeigt damit, wie genial er den Prozess als Einziger beherrscht, und sichert so seine unangreifbare Stellung. Außer ihm gibt es niemanden, der den Prozess so beherrscht – klar, denn der ist viel zu kompliziert und damit impraktikabel.

Wenn Sie beginnen, zu vereinfachen, werden Sie wahrscheinlich zunächst merken, dass einfach gar nicht so einfach ist. Wir sind geneigt, „mehr" immer als „besser" anzusehen. „Mehr" führt aber zu „komplexer". Wir machen die Dinge komplizierter, als sie sein müssen. Wir machen also Ausnahmen von der Regel, weil wir denken, das wäre fairer oder den vielen Einzelbedingungen angemessen. Viele Ausnahmen führen am Ende die Regel ad absurdum.

 Einfachheit bedeutet, konsequent, radikal und in der Konsequenz manchmal ungerecht zu sein.

Viele Menschen gestalten ihre Beziehungen komplizierter als nötig und machen sich und ihrer Umwelt das Leben damit schwerer, als es sein muss. Zwischenmenschliche Beziehungen haben auch Regeln. Oft sind sie ungeschrieben, und jeder hat Erwartungen, die er für normal hält. Besser wenige einfache und klare Regeln vereinbaren, statt darauf zu warten, dass stille Erwartungen enttäuscht werden. Dann wird man sagen, dass Sie eine klare Linie haben und davon ausgehen, dass man sich auf Sie verlassen kann.

„Die billigen Tricks sind die besten", heißt es. Gute Ideen sind einfach. Besonderen Respekt nötigen einem die Dinge ab, die einfache Lösungen für komplexe Probleme bieten. Dabei handelt es sich um Lösungen, die wirklich eine Lösung bieten. Simpel, aber sinnvoll. Unaufwendig, aber effektiv. Zum Beispiel war die Erfindung des Staubsaugers ohne Beutel eine Vereinfachung, die viel Anerkennung fand: Etwas weglassen, es einfacher machen, ist häufig die Innovation. Es handelt sich um eine nicht ganz so simple Lösung, um für den Kunden etwas einfacher zu machen. Der Servicegedanke verfängt und die Kundschaft kauft, weil etwas weniger statt mehr geworden ist.

Wenn die Einfachheit aber so viele fantastische Lösungen bereithält – warum wird sie dann nicht überall als Prinzip verwendet? Nachfolgend einige Begründungen, warum sich die Einfachheit manchmal schwertut:

- *Einfach ist nicht gerecht*
  Nehmen wir als Beispiel das deutsche Steuerrecht. Um Steuergerechtigkeit zu schaffen, gibt es viele Regelun-

gen – immer neue Ausnahmen, immer neue Einzelfälle werden bedacht. So ist Politik. Sie reagiert auf den Einzelfall, und das muss sie ja wohl auch, weil in einer Demokratie Gerechtigkeit herrschen soll. Gerechtigkeit ist dann aber doch nicht so einfach. Deshalb wird die Lösung immer komplexer. Aber ist nun Gerechtigkeit hergestellt? Die berühmte Bierdeckellösung wurde bisher dennoch stets verworfen.

- *Einfach ist nicht freundlich*

  Es ist nicht immer höflich, einfach und klar zu sein. Auf den Punkt kommen, Nein sagen, wenn man Nein meint, statt wortreich vielleicht mit vielen Einwänden, das ist nicht immer freundlich. Aber es ist schnell, klar und jeder weiß, woran er ist.

- *Einfach ist nicht perfekt*

  Perfektion lähmt. 20 % des Einsatzes bringen 80 % des Umsatzes. Einfachheit wird dazu führen, dass Sie das Wichtige getan bekommen.

- *Einfach bedeutet nicht, niveau- oder anspruchslos zu werden*

  „Vollkommenheit entsteht dann, wenn man nichts mehr weglassen kann", so drückt es Saint-Exupéry im *kleinen Prinzen* aus. Das ist mal einfach und auf den Punkt gesagt. Die Natur ist so beschaffen: einfach. Haben Sie einmal im Garten sitzend frische Feigen vom Feigenbaum gegessen? Das ist simpel. Die Feigen sind frisch, sie sind nicht behandelt, sie sind nicht über weite Strecken transportiert, verpackt, entpackt, gekühlt, angerichtet, verarbeitet, getrocknet oder sonst wie aufwendig bearbeitet. Sie sind umsonst oder vom Nachbarsbaum stibitzt. Man nimmt so viele, wie man essen möchte, und – isst dann einfach. Es gibt nichts Köstlicheres. Sie kennen dasselbe Beispiel mit einem frischen Fisch am Meer; nur Feuer

und, das muss aber nicht sein, etwas Salz. Anspruchsvoll heißt eben nicht exaltiert und extravagant. Sehr oft heißt es: einfach. Nichts dazu, nichts weg und fertig.

Ganz ähnlich wie bei der Verwechslung von erschöpfender Arbeit und Ergebnis trifft auch die Einfachheit auf Vorurteile. Einfach wird gleichgesetzt mit primitiv, einfältig, oberflächlich, unstrukturiert oder langweilig.

Nun, das ist sie nicht. Einfachheit ist zum Beispiel nicht unstrukturiert. Das Einfache hat automatisch eine klare Struktur und bleibt übersichtlich. Es ist jedem sofort und ohne weitere Erklärungen verständlich. Manch einfache Konstruktion braucht schlicht auch keine Ordnung oder Regeln oder Hierarchien: Die Schaukel auf dem Kinderspielplatz benötigt keine Gebrauchsanleitung, keine Vorfahrtsregel und ist nie langweilig. Das geringe Risiko, das ihr innewohnt, macht das Gerät gerade spannend genug.

Primitiv, übersetzt urtümlich, ist ohnehin ein Wort, das ein kulturelles Missverständnis der vergangenen 500 Jahre ausdrückt. Es fasst die Idee in ein Wort, dass die „einfachen" Völker auf einer kulturell niedrigeren Stufe stünden als die, die sich als ihre Entdecker wähnten. Dahinter steht die Vorstellung, alles entwickle sich von unten (wenig, unkomplex, simpel) nach oben (viel, komplex, schwierig). Die so ausgemachte Entwicklungsrichtung wurde als gottgegeben angenommen und dazu noch mit einer Wertung versehen, die völlig unhinterfragt in die Geschichte eingegangen ist (unten = schlecht, oben = gut). Es zeigt sich, dass diese Entwicklung, diese Zivilisierungsbewegung, die wir noch immer anstreben, nicht ganz so simplifiziert werden kann: Umweltprobleme, Verflachung von Erfahrungen und Überdruss an der Konsumgesellschaft sind Probleme der entwickelten Welt. Manch einer wünscht sich da die Einfachheit zurück.

 **Essenz**

- Einfachheit macht wendig, schlank und flexibel.
- Einfachheit entsteht, wenn man konsequent ist.
- Einfach ist nicht gerecht, freundlich, perfekt, anspruchslos.
- Einfachheit leistet:
  - Aufwand reduzieren,
  - Fehler vermeiden,
  - Geschwindigkeit erhöhen,
  - Vertrauen gewinnen.
- Einfachheit in allen Bereichen umsetzen:
  - Struktur, Prozess, Beziehung,
  - denken, sprechen, handeln.

Ein Drittel vom Besten

 Piraten sind gezwungen, sich auf das Wesentliche zu beschränken. Sie konzentrieren sich daher auf das, was ihnen am wichtigsten ist.

Mit leichtem Gepäck durchs Leben und nur von Qualität umgeben: Trennen Sie sich von allem, was Sie schwerfällig und ängstlich macht. Das ist machbar und finanzierbar. Lassen Sie es uns hier durchdenken: Ihre Freunde, Literatur, Klamotten, Projekte, Erwartungen „leicht" gemacht.

Nicht die vielen guten, sondern die wenigen genialen Präsentationen oder Erlebnisse bleiben Ihrem Publikum, Kunden oder Kindern in Erinnerung. Seien Sie in allen Bereichen schlank.

„Wie zahlreich sind doch die Dinge, derer ich nicht bedarf."
Sokrates

Minimalismus ist mittlerweile zu einem Trend geworden. In Internetbörsen tauschen sich Menschen aus, die ihr Leben entrümpeln. Eine Familie mit drei Kindern lebt in einer wohnwagenähnlichen Unterkunft und hat die Spielzeugkisten ihrer Kinder gekonnt arrangiert, um den Hausstand auf der reduzierten Quadratmeterzahl unterzubringen. Eine junge Frau lebt von 400 Euro im Monat und erklärt haarklein, wo sie spart und wie sie – mit viel Aufwand! – minimal wird. Das ist jedoch nicht gemeint, wenn es darum geht, zu reduzieren.

Piratenminimalismus lässt sich auf die Formel „ein Drittel vom Besten" bringen. Piraten entsagen nicht den weltlichen Dingen. Wir versuchen, sie zu unserem Glück zu verwenden. Aber es ist richtig, dass zu viele Dinge beschweren. Auf den historischen Piratenschiffen wurde Ballast vermieden, denn nur so ist ein Schiff wendig und schnell. Moderne Piraten werden Ballast los.

Der Trend-Minimalismus befasst sich viel damit, was man alles loslassen soll. Aber Minimalismus ist da zum Selbstzweck, zum Ziel von Askese verkommen. Piraten sind keine Minimalisten. Piraten legen Ballast ab, sie behalten das Beste und Wichtigste, und nicht mehr, als auf ein Schiff passt. Dem modernen Piraten ist daher zu raten: Behalten Sie das Wichtigste und nicht mehr, als auf Ihre Yacht passt.

Und warum das? Je weniger ich habe, desto weniger muss ich verwalten und in Ordnung halten. Besitz bindet. Friedrich Nietzsche schreibt in *Menschliches, Allzumenschliches* (1982): *„Nur bis zu einem gewissen Grade macht der Besitz den Menschen unabhängig, freier, eine Stufe weiter – und der Besitz wird zum Herrn, der Besitzer zum Sklaven: Als welcher er ihm seine Zeit, sein Nachdenken zum Opfer bringen muss und sich fürderhin zu einem Verkehr verpflichtet, an einen*

Ort angenagelt, einem Staate einverleibt fühlt – alles vielleicht wider sein innerlichstes und wesentlichstes Bedürfnis."

Was wäre passiert, wenn ein Piratenkapitän, um sein Schiff zu erleichtern, das Trinkwasser über Bord hätte gehen lassen. Oder die Beute. Nun, das ist das Erste, was man sich nicht sparen kann: das Unterscheiden der Dinge, die bleiben sollen, und der, die gehen, weil sie Fesseln sind.

Eine Faustregel

Umgeben Sie sich mit Qualität. Denn Qualität bleibt, auch wenn der Preis längst in Vergessenheit geraten ist. Der Pirat hat keine fünf Säbel, sondern einen, der wirklich seinen Zweck erfüllt. Statt also vieles von zweifelhafter Qualität zu besitzen, reduzieren Sie auf ein Drittel – und zwar auf ein Drittel vom Besten.

Mein Küchenmesser kostet ein Mehrfaches eines Durchschnittsmessers, zugegeben, es ist etwas größer. Wenn ich dann mit meinem Säbel die Peperoni entkerne, dauert es auch mal länger, das nehme ich in Kauf. Dafür habe ich ein richtig scharfes Messer und mehr Platz in der Besteckschublade.

Es reichen auch im Businessleben drei Anzüge völlig aus. Gute Anzüge sollen es sein, drei statt neun von mittelmäßiger Qualität, die knittern werden und schnell ersetzt werden müssen. Morgens wird es schnell gehen: Die guten Anzüge sind auf Maß und mit einem guten Schnitt gemacht. Sie stehen und passen Ihnen. Sie sparen morgens Zeit, und Ihr Kopf kann bei der Sache sein, bei der Sie sind – bei Ihrer Sache. Im Meeting haben Sie den Kopf frei. Sie sehen aus, als gehörten Sie dorthin, jetzt müssen Sie sich nur noch so benehmen.

In einer Welt mit Internet werden wir selten in die Situation kommen, etwas wirklich Unersetzbares verpasst zu haben.

Keine Werbung „nur noch heute" sollte Sie mehr nötigen, keine Rabattaktion verführen. Eine einfache Entscheidungsregel, nicht nur für Anzüge, ist:

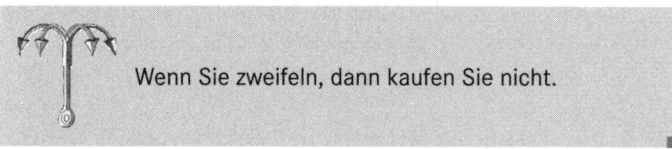

Wenn Sie zweifeln, dann kaufen Sie nicht.

Man mag es nicht meinen, aber übermäßiger Reichtum ist sogar in Geld eine Last, wenn man es nicht benötigt. Ein Vermögen zu verwalten ist ein Vollzeitjob, der einige schon an ihre Grenze gebracht hat. Am Vermögen hängen auch viele abergläubische, ethische und moralische Imperative, die einen Geschäftsmann allein schon ruinieren können.

Sie können sich auch fragen, welche Kunden Ihnen wirklich wichtig sind. Wer bringt Ihr Hauptgeschäft? Vielleicht ist es auch hier besser, nicht alle Energie in „möglichst viel", sondern in „möglichst genau die, die den Hauptumsatz ausmachen" zu stecken.

Das Prinzip „ein Drittel vom Besten" gilt auch bei Partnern oder Freunden. Wählen Sie sorgfältig, schenken Sie einem Drittel, dem wichtigsten Drittel der Menschen in Ihrer Umgebung, drei Drittel Ihrer Zeit und Zuwendung.

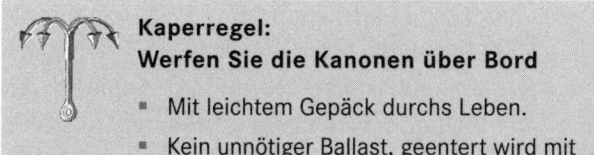

Kaperregel:
Werfen Sie die Kanonen über Bord

- Mit leichtem Gepäck durchs Leben.
- Kein unnötiger Ballast, geentert wird mit Enterhaken.

Sortieren Sie Ihr Netzwerk nach Ausgaben, Investitionen und Fun. Und merken Sie sich, wer jeweils zum „besten

Drittel" gehört. Auch hier gilt es, keine blinde Sammelwut zu entwickeln, kein Networking-Messie zu werden, das Netzwerk nicht ohne Ziele zu entwickeln.

„Find your circle of genius. And associating with people whose lives you want to be living shows you what's possible."
Robin Sharma

Diese Weisheit inspiriert mich und ist Ziel meiner Networking-Bemühungen. Wie wählen Sie aus?

Rolf Dobelli (2011) schreibt über eine „News-Diät". Er versteht sie als Nulldiät, verzichtet völlig auf Nachrichten. Sie als Pirat können stattdessen eine sinnvolle Auswahl treffen – nicht zu wenig, nicht zu viel, eben ein Drittel vom Besten. Und warum das? Nachrichten werden bei einem Thema schnell nach nur noch einem Bedeutungsschema beurteilt. Alle Sender sagen das Gleiche. Sie berichten im Prinzip mit nur noch einer Auslegung, auch wenn sie verschiedene Experten hören. Am Tag nach dem Brexit-Votum zum Beispiel war Europa geschockt. Was war passiert? Und welche Bedeutung hatte dieses Votum? Nachrichten werden verkauft. Es geht um die Logik des Marktanteils. Also wird verkauft, was schockt, oder sagen wir es etwas weniger drastisch: Es wird verkauft, was berührt. Und aus diesen Gründen wurden die schlimmen Szenarien, die Ängste bedient, es wurden die Gegensätze unterstrichen. Die Frage danach, wie man diese Entscheidung zum Positiven für alle wenden kann, blieb in den Medien unbeachtet. Es ist schade, aber in solchen Momenten scheinen die Aktienmärkte der Indikator dafür zu sein, welche Erwartungen die Menschen haben. Und die Gewinner der Turbulenzen an den Märkten sind immer die, die die Begebenheiten auch anders sehen konnten. Die neue Perspektiven haben abgewinnen können, die weiter voraussehen. Die breite Masse folgt dem Blickwinkel der Neuigkeitenverkäufer. Konsumieren Sie nicht ohne Sinn und Verstand. Wählen Sie aus.

Die Welt ist voller Möglichkeiten. Sicher haben Sie viele Ideen, welche Projekte Sie verwirklichen wollen. Aber die Zeit ist begrenzt. An dieser Stelle scheitern viele: Es gibt die „Anfänger", die etwas anfangen und schließlich liegen lassen. Einige beginnen erst gar nicht mit einem Projekt, weil die Auswahl so groß ist. Manche finden es schwer, sich aus ihren bewährten Trampelpfaden zu lösen und Neues anzufangen. Manchmal scheitert man daran, dass man sich die Ergebnisse nicht vorstellen kann und dass man die Chancen nicht einschätzen kann. Eine sinnvolle Wahl unter den Möglichkeiten der Welt zu treffen ist ein Leiden, das viele Menschen begleitet. Da diese Menschen aber keine Wahl oder eine falsche Wahl treffen, zu viel oder zu wenig machen, gibt es keine Ergebnisse, die wir im Hinblick auf dieses Problem beurteilen können. Dass es keine Ergebnisse gibt, ist gerade der Grund, weswegen wir niemals von diesem stillen Leiden hören werden.

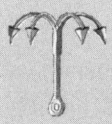 **Ein Drittel vom Besten**

Wählen Sie mit Sinn und Verstand das Drittel aus, das:

- die besten Aussichten auf Erfolg hat
- die beste Qualität besitzt
- den wenigsten Platz benötigt
- den geringsten Organisationsbedarf nach sich zieht
- das Sie am meisten wollen

Überladen Sie Ihr Schiff nicht, es sinkt sonst mit allem, was darauf ist.

Auch Firmen profitieren vom Prinzip „ein Drittel vom Besten". Statt zementierte und aufwendige Strukturen zu schaffen, begnügen sich manche Unternehmen mit wenig reglementierten Infonetzen. Das macht sie flexibler und damit schneller. Wie bei den Piratenschiffen ist ein solches Unternehmen schneller am Ziel und wendiger beim Manövrieren.

〰 Apple und Puma – Konzentration auf das Kerngeschäft

Apple und Puma sind Beispiele dafür, wie man sich mit dem besten Drittel versieht und (es) sich ansonsten leicht macht. Sie verzichten auf eigene Wertschöpfung und damit auf Ballast. Beide Firmen produzieren nicht selbst, Puma lagert sogar den Vertrieb aus. Outsourcing ist Delegieren. Angeheuert wird nur die Mannschaft, die wirklich gebraucht wird. Sogar Hilfe annehmen kann eine Form von Outsourcing sein.

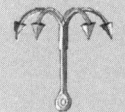

Wenn Sie mehr als nur Ihren eigenen Kopf nutzen, denken Sie weiter und kommen schneller zum Ziel.

Manche Menschen bleiben arm, weil sie versuchen, als reich zu gelten. Was witzig klingt, ist ein eher trauriges Phänomen. Statussymbole lassen die Zuschauer an den Status des Trägers glauben, zumindest funktioniert das ziemlich oft. Das inspiriert manche dazu, sich mit den Symbolen zu schmücken und dafür Geld auszugeben, das sie nicht haben. Aber als Pirat unterhalten Sie nicht die Zuschauer, sondern Sie machen Beute. Deshalb gilt für Statussymbole: Bitte mit Sinn und Verstand. Sie einzusetzen macht Sinn, wenn Sie Türöffner sind – für die Tür, die Sie eben öffnen wollen. In der Schweiz und in China sind zum Beispiel Uhren solche Mittel. Zielgerichtetheit bei den Statussymbolen macht Sinn. Wer Statussymbole sammelt wie andere Leute Kronkorken, hängt vielleicht noch am Missverständnis, Status sei ein absoluter Wert. Ein Wert, der den Wert des Besitzers beweise vielleicht. Das ist trügerisch. Wer den Sinn von Statussymbolen hinterfragt, kann sich einiges sparen, was ihn ansonsten einschränken würde.

∿ Wenn Statussymbole zum Selbstzweck werden

Frank Lloyd Wright, der Stararchitekt und Erbauer des Guggenheim-Museums, bediente sich exorbitant der Technik, Statussymbole einzusetzen, wenn man seinem Biografen T. C. Boyle glauben mag. Wright trieb es dabei allerdings zu weit: Der Egomane deckte sich mit Massen von Gegenständen ein, die seinen Status unterstreichen sollten.

Wright war zu der Zeit vor allem durch seine Frauengeschichten berühmt, und die Klatschpresse belagerte ihn. Er bewohnte ein riesiges Anwesen, reiste, sammelte Kunst – aber bezahlte allzu häufig weder die Rechnung im Lebensmittelladen noch seine Bediensteten. Stattdessen sagt ihm Boyle nach, er habe geäußert: „Schaff dir zuerst Luxusgegenstände an, dann kommt der Rest von alleine."

Nun, Wrights Art ist wohl kritikwürdig, und er lebte ein Leben stets am Rande des Ruins in jeder Hinsicht. „Aus mir wird kein Pirat mehr", legt ihm Boyle in den Mund, als er von der Seekrankheit des Stararchitekten berichtet. Auch wenn er in vielerlei Hinsicht einer war.

Dennoch, im Rückblick auf sein Lebenswerk, auf seine Art zu arbeiten und Arbeit zu begreifen, ist das, was er geschaffen hat in jeder Hinsicht unangreifbar geworden. Und damit die Person Wright selbst. Seine Eigenheiten sind ihm immer mehr zugestanden worden, und heute meinen die meisten: Der Erfolg gibt ihm recht. Er scheint auf manchen Ebenen also ein Pirat in unserem Sinne gewesen zu sein. Nicht aber, was die Prinzipien der Schlankheit angeht. Seine Sammlungen und seine „Insel", Wrights Sommersitz Taliesin in Wisconsin, waren riesig, und der Erhalt all seiner Exfrauen und Kinder verschlang Unsummen – auch wenn er nur zahlte, um das Gefängnis abzuwenden, blieb er immer ein Getriebener der Erfordernisse.

Andere beeindrucken ist ohnehin nicht das Ziel des Piraten. Überholen statt beeindrucken macht da schon mehr Sinn. Wenn Sie Eindruck machen wollen, geben Sie anderen den Schlüssel über sich in die Hand und die Macht, Ihre Handlungen zu steuern. Denn Ihr Umfeld wird schnell merken, dass man Sie mit Schmeicheleien und Anerkennung in die gewünschte Richtung lenken kann. Alles, was Sie von anderen brauchen, macht Sie für andere verfügbar. Außerdem brauchen Sie die Anerkennung der Überholten nicht mehr. Sie haben es bereits bewiesen: Sie waren besser, weil Sie dort ankamen, wo Sie hinwollten, und möglicherweise die anderen hinter sich gelassen haben. Die Regel galt auch für historische Piraten: Ein prahlender Pirat beim Landgang lebte nicht lange. Es kam nur noch darauf an, wer schneller war, die Obrigkeit oder die Crew, die er mit seinem Gerede in Gefahr brachte. In jedem Fall brachte ihn die Prahlerei zu Fall.

Deshalb seien Sie lieber in allen Bereichen schlank, denn die große Freiheit ist die Summe der vielen kleinen Freiheiten, die Sie sich schaffen.

Setzen Sie „Lessness", das Prinzip „weniger ist mehr", wie ein Pirat um: Radikal und fokussiert. Achten Sie darauf, was Sie beschwert und Ihnen den Wind aus den Segeln nimmt. Lassen Sie diesen Ballast los.

Nicht alles muss ja über Bord gehen. Bringen Sie Ihre Schätze auf die Insel. Und denken Sie an die Schatzkarte. Vermögen, Andenken, Schätze legen Sie in die Cloud, ins Bankschließfach oder die gemietete Garage.

Essenz

- Immer ein Drittel vom Besten bedeutet:
  - Mit leichtem Gepäck durchs Leben, ich muss mich um weniger kümmern.
  - Wenig Ballast, ich bin leichter und schneller.
  - Das Beste bleibt, ich bin von Qualität umgeben.
- Reduzierte Quantität finanziert die Qualität.
- In allen Bereichen des Lebens ein Drittel vom Besten! Informationen, Freunde, Mitarbeiter, Projekte, Klamotten, Kunden, Literatur…
- Minimalismus und Askese nicht zur Religion machen.
- Statussymbole dienen der Kommunikation; Fragen Sie sich, mit wem Sie kommunizieren und was Sie ausdrücken wollen.

Literatur

Boyle, T. C.: *Die Frauen*. Hanser, München 2009.

Dobelli, R.: „Vergessen Sie die News! Für eine gesunde Nachrichtendiät". *Schweizer Monat* 984, März 2011.

Fourier, S.: *Schlau statt perfekt*. Business Village, Göttingen 2015.

Nietzsche, F.: *Menschliches, Allzumenschliches*. Insel, Berlin 1982.

Sharma, R.: „The Methods for Superhuman Productivity". *Robinsharma. com* 2017.

3 Piratenprinzip „schnell" –
wer zuletzt kommt...

Piraten machen Beute schnell oder gar nicht. Die Schiffe der Piraten waren in der Regel leicht und wenig beladen. Die großen Handelsschiffe, die sie einholen wollten, konnten sich dem Angriff deshalb nicht entziehen, weil die Freibeuter schneller waren.

Geschwindigkeit ist die Basis aller Wettbewerbsvorteile!

Die Perfektion der Schnelligkeit: Sofort

 Piraten erkennen die Gelegenheit und handeln sofort. Ohne SWOT-Analyse oder langwierigen Für-und-Wider-Abwägungen. Piraten vertrauen auf ihre Intuition.

Die Perfektion der Schnelligkeit heißt: „sofort". Jetzt erledigen, oder zumindest sogleich damit beginnen, ist eine Variante von sofort. Fangen Sie an und entwickeln Sie zugleich ein Gefühl für das Thema.

Überzeugen Sie durch Aktionen, anstatt Argumente vorzubringen. Planen Sie nicht Ergebnisse in Excel-Tabellen, sondern Aktionen, um die Ergebnisse zu erreichen.

Überholen anstatt überzeugen

Am Markt bedeutet schneller sein, der Erste zu sein. Es ist der Wettbewerbsvorteil, der auch dann noch bleibt, wenn Ihre Wettbewerber ebenso stark sind wie Sie. Schnelligkeit sichert den Marktanteil. Schnelligkeit hat Qualität und Preis im Wettbewerb abgelöst (Przyklenk 2017). Das kann man gut an Amazon oder ImmoScout beobachten, beide haben den neuen Markt schnell besetzt und sind schnell gewachsen. Schnell ist das neue „groß".

Überholen Sie Ihre Kritiker, anstatt sie zu überzeugen. Lassen Sie sich nicht durch die unfruchtbare Energie bremsen, die man verschleudert, wenn man Überzeugungsarbeit leisten muss. Überholen Sie den Wettbewerb.

Der Gedanke ist nicht neu. Der große Stratege Carl von Clausewitz (Oetinger, Gheyczy, Bassford 2003) machte die Faktoren „schnell und konzentriert" zu seinen Hauptgrundsätzen.

Geschwindigkeit ist ein Asset.

Den Weg frei machen

Geschwindigkeit ist ein großer Faktor. Es lohnt sich, Hindernisse auszuräumen, die der Schnelligkeit im Weg stehen. Die Fähigkeit, schnell zu sein, scheitert zu häufig daran, dass grundlegende Prinzipien vernachlässigt werden.

- *Sie wollen zu viel*

  Es misslingt, da Sie viele verschiedene Sachen gleichzeitig angehen. Es herrscht Unklarheit darüber, welches jetzt eigentlich **das** Projekt ist, welches Schiff gekapert werden soll.

- *Sie tun zu viel*

  Sie tun zu viele Nebensächlichkeiten, weil Sie es perfekt machen wollen. Perfektion ist ein Hemmschuh für die Schnelligkeit.

- *Es ist zu viel*

  Viele (nebensächliche) Informationen müssen verarbeitet werden. Es muss ständig entschieden werden, was wichtig ist und was nicht. Komplexität stiehlt Ihre Zeit.

Und am Ende gibt es dennoch keine Ausreden. Sie haben genauso viel Zeit wie alle anderen. Übrigens ist das genauso viel Zeit wie Einstein, Leonardo da Vinci und Angela Merkel haben. Organisieren Sie sich besser, räumen Sie die Hindernisse aus dem Weg.

Um im Business schnell zu sein, müssen Sie entscheiden, wo genau Sie schnell sein wollen. Die wesentlichen Felder, die den Wettbewerbsvorteil verschaffen werden, sind:

- schnell in der Entwicklung (time to market),
- schnell in der Produktion (Produktivität),
- schnell in Fortbewegung und Transport (Geschwindigkeit),
- schnell beim Ideengenerieren (Kreativität),
- schnell in der Entscheidungsfindung (Reaktionsfähigkeit),
- schnell in der Umorientierung (Flexibilität).

Diese Möglichkeiten können nicht alle eins zu eins übertragen werden. Schneidern Sie sie auf Ihre persönlichen Gegebenheiten zu!

Erhöhen Sie Ihre Flexibilität. Schaffen Sie bewegliche Firmenstrukturen, die Sie schnell den Erfordernissen anpassen können. Das gilt auch für die Erneuerung der Organisation, Struktur und Aufgabenverteilung. Schnelligkeit lässt sich nicht ohne Flexibilität darstellen. Eine Kombination aus bereits bekannten Prinzipien hilft, bei der Umsetzung von Projekten schneller zu werden.

> Sie entscheiden sich für eine Sache – **die** Sache.
> Sie entscheiden sich klar: machen oder lassen.
> Verschlanken Sie Ihre Planung. Fangen Sie an.
> Bauen Sie ein Muster, das man in die Hand nehmen kann, führen Sie erste Prototypengespräche mit Kunden und Anwendern.

Wenn Ihre Strukturen und Ihre Organisation flexibel gestaltet sind, können Sie das Projekt den Erfordernissen anpassen, während es läuft. So reagieren Sie passend, auf die Situation abgestimmt und just in time, anstatt lange zu planen.

Werden Sie nicht zu perfekt an den falschen Stellen, beherzigen Sie das 80/20-Prinzip.

Schnelle und schlanke Strukturen in Organisationen können Sie beispielsweise durch Agilität, Arbeiten in Projekten oder sonstigen autonomen oder teilautonomen Teams erreichen. Je weniger Hierarchie, desto schneller können Entscheidungen gefällt werden. Vertrauen und Verantwortung gehen dabei Hand in Hand.

Mit Konzentration und Volldampf

Jetzt muss die Organisation auf Trab gebracht werden: Machen Sie alles dringend. Klären Sie Ihre Prioritäten, erlauben Sie keine Verzögerung, weil erst noch einmal geplant werden muss. Die Strategie nutzt sich mit der Zeit ab, also benutzen Sie sie nur, um den ersten Anschub zu machen, und kombinieren Sie diese mit den anderen Piratenprinzipien.

Wenn es schnell gehen soll, müssen Dinge parallel laufen. Outsourcing kann darauf eine gute Antwort sein. Es wird delegiert, ohne dass Sie sich langfristig an den Ausführenden binden. Die Verbindlichkeit bleibt überschaubar und die Flexibilität erhalten. Es wird Zeit oder Geld investiert, um Zeit zu sparen. Mehr Kapazität gibt es nicht, deshalb bleiben Sie bei nur einem Thema. Outsourcing kann dann die Geschwindigkeit erhöhen. Piraten wären wohl noch einen Schritt weitergegangen und hätten Ideen zum Beispiel einfach geklaut.

Das Vasa-Syndrom

Das schwedische Kriegsschiff Vasa, das größte seiner Zeit, sank noch am Tag seines Stapellaufs im Jahr 1628 im Stockholmer Hafen. Das Schiff war, um schnell zu sein, schlank gebaut. Gleichzeitig wurde es mit hoher Feuerkraft in Form zahlreicher Kanonen bestückt. Der schwedische König Gustav II. Adolf wollte alles: Kampfkraft und Geschwindigkeit. Die Hinweise seines Schiffsbaumeisters, dass diese Kombina-

tion aus hohem Schwerpunkt durch die Kanonen und dem schlanken Rumpf zu Instabilitäten führt, ignorierte er. Die Beratungsresistenz der Führungskraft und die mangelnde Kommunikation im Projektmanagement gingen als Vasa-Syndrom in den modernen Sprachgebrauch ein. Heute kann man das mühsam gehobene Wrack in einem eigens gebauten Museum bewundern und aus der Geschichte lernen.

Nehmen Sie Ihre persönliche Vasa-Erkenntnis mit:

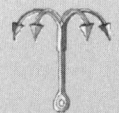 **Vasa-Erkenntnis**

Hohe Geschwindigkeit und viel Ballast sind unvereinbar.

Ballast kann in diesem Zusammenhang Gewicht, Struktur, die Erwartungshaltung anderer, aber auch Ihre Angst sein. Werfen Sie die Kanonen über Bord!

Entscheidungen kann man schlecht outsourcen oder delegieren, so zumindest denken viele. Allerdings erhöht sich die Reaktionsfähigkeit, wenn man es doch kann. Unterscheiden Sie Entscheidungen, die Sie selbst treffen müssen, von denen, die Sie delegieren können. Systematisieren Sie Entscheidungen: Es gibt Felder, da kommt immer dieselbe Art von Entscheidung auf Sie zu. Dort wo man oft entscheiden muss, kann man die Entscheidung auch delegieren.

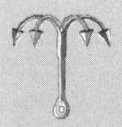 **Kaperregel:**
Setzen Sie alle verfügbaren Segel

- Prüfen und planen Sie nicht den Wind, setzen Sie Segel!
- Planen Sie keine Ergebnisse. Planen Sie Aktionen!
- Vorteil durch Aktion, Fakten schaffen.
- Anfangen! Probleme unterwegs lösen.

Ergebnisse liefern

Wenn Sie zuerst Argumente suchen und Konzepte generieren, geben Sie die Chance, Kritik zu üben. Alles bleibt theoretisch – und theoretisch lässt sich gut argumentieren. Erste Erfolge dagegen sind handfest. Niemand wird in einer Vorstandspräsentation etwas gegen das Argument sagen können: „Die ersten Prototypen sind sehr gut beim Kunden angekommen."

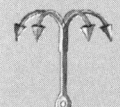 Legen Sie los und Sie sind schon erfolgreich, während die anderen noch über Präsentationen brüten.

Wer loslegt, bekommt ein Gefühl für die Sache. Wenn es nicht gut ist, reiten Sie nicht auf einem toten Pferd. Steigen Sie ab, beenden Sie es konsequent. Wenn Sie aber zusehends überzeugt sind, werden beim Tun die nächsten Schritte klar. Sie ergeben sich von selbst aus den ersten Erkenntnissen. Es ist einfacher, als vorab bei der Planung alle Eventualitäten zu bedenken. Außerdem gilt die Ceteris-paribus-Klausel: Eine Planung, eine Theorie, kann nur erfolgreich sein, wenn sich die Rahmenbedingungen nicht ändern. Aber die Rahmenbedingungen ändern sich. Immer. Also anfangen und Probleme unterwegs lösen. Und denken Sie an den alten Rennfahrerspruch:

„Wer alles unter Kontrolle hat, ist zu langsam."

Original: „If everything seems under control, you're just not going fast enough" von Mario Andretti.

Die meisten Menschen verstehen es, einen von Plänen abzuhalten. Wenn aber bereits etwas läuft, ist der Widerstand erfahrungsgemäß geringer. Es nimmt vielen Kritikern den Wind aus den Segeln, wenn sie nicht theoretisch argumentieren können.

Es gibt keine nachvollziehbare Kritik an Projekten, die bereits bewiesen haben, dass sie halten, was sie versprechen.

Das Zauberwort heißt sofort. Ich erledige alles sofort, für das ich weniger als fünf Minuten brauche. So entlastet man sich von Kleinigkeiten, für die man länger gebraucht hätte, sie aufzuschreiben, als sie zu erledigen. Schreiben Sie es nicht auf die To-do-Liste, machen Sie es sofort.

Bei einigen Sachen reicht schnell einfach nicht. Da muss es sofort sein. Etwa was Ihre privaten Einnahmen angeht. Es gilt „cash flow first" – im Alter ist es zu spät, einsammeln zu wollen.

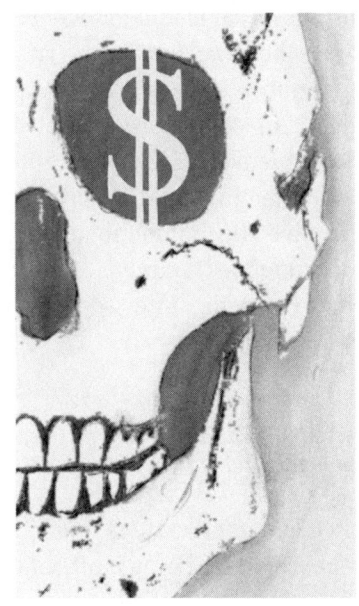

 **Cash first**

Stellen Sie sich vor, Sie haben die Wahl: Ein Patent sofort gegen Einmalzahlung verkaufen oder Gebühren über die nächsten Jahre einnehmen.

Eine kurze Überschlagsrechnung der beiden Varianten ist zwar sinnvoll, aber für den Piraten gibt es einen klaren Favoriten: Cash first. Cash first bedeutet:

- Geld auf dem Konto. Sie sind bereit für neue Projekte, die Einnahmen sind planbar.

- Kein Ausfallrisiko, beispielsweise wenn der Schuldner während der Laufzeit der Gebühren in Konkurs geht.

- Kein Verwaltungs- und Kontrollaufwand.

So ist das Thema aus dem Kopf, und der ist frei für neue Ufer. Würden Sie sich auch für den Aufbruch entscheiden?

Energie soll in die Handlung fließen, nicht in den Plan. Unnötig zu sagen, dass das nicht kopfloser Aktionismus sein kann. Deshalb kann man sich auf ein schlankes Konzept beschränken statt auf einen komplett ausgearbeiteten Businessplan. Handlung bedeutet anfassen, real werden, anpacken. Zum Beispiel Dinge mit den Händen statt Konzepte mit dem Kopf, etwas Neues ausprobieren, anstatt es nur durchzudenken. Anfassbar sein heißt, mit Menschen zu sprechen, statt Theorien zu lesen und Feedback und Ideen aus den Gesprächen zu ziehen.

Einen Schritt weiter geht der Trend des Pretotyping. Es wird nicht ein „richtiger" und meist teurer Prototyp gebaut, sondern innerhalb von wenigen Stunden oder Tagen etwas zum Anfassen. Dieses erste Modell ist mit weniger Kosten und möglicherweise weniger Herzblut belastet. Man kann wirklich etwas ausprobieren, denn man kann das Projekt aufgrund des geringeren Aufwands auch wieder leichter einstellen. Sie wären überrascht, wie positiv Kunden auf so ein Entwicklungshandwerkszeug reagieren, Sie geben den Kunden das Gefühl, Teil des Innovationsprozesses und mittendrin zu sein.

Ideen sind meistens nicht vollkommen neu. Das ist normal. Relevant ist aber die Konsequenz der Umsetzung. Ihre Gespräche sollen nicht zu „think tanks" werden. Initiieren Sie lieber einen „do tank". Ideen, die nicht umgesetzt werden, werden überbewertet.

Der Begriff Schnelligkeit kann auch zu Missverständnissen führen. Deshalb muss man ihn an seinem Gegenteil abgrenzen.

Schnell ist nicht ...

- *Oberflächlich*

  Schlampig ist nicht das Ziel. In der Umsetzung braucht es Gründlichkeit.

- *Gehetzt*

  Wer sich hetzen lässt, verliert die Konzentration. Man ist nicht bei der Sache, sondern bei der Zeit.

- *Planlos*

  Ziele und Pläne sind nötig. Diese dürfen der Arbeit nur nicht im Weg stehen oder der Kern der Arbeit sein.

- *Leichtfertig*

  Bedenkenlosigkeit ist gefährlich. Denken Sie zu Ende oder auf jeden Fall einige Schritte voraus, so viel Zeit muss sein.

Auf Intuition vertrauen und den Goldschatz im Visier behalten

 Piraten denken konkret. Sie sehen den Goldschatz vor ihrem inneren Auge und tun alles, um diesen Goldschatz zu erreichen. Der Goldschatz lockt und lenkt!

Dieses klare innere Zielbild eines Piraten führt dazu, auch das richtige Bauchgefühl, die richtige Intuition zu entwickeln. Intuition ist Voraussetzung für Schnelligkeit! Planung und Vorbereitung sind nötig, aber in machbaren und überschaubaren Schritten.

Aufs Wesentliche konzentrieren

Viele Organisationen arbeiten mit Visionen. An so manchem Eingang zur Firma hängt das Schild „Mission". Prospekte sind mit dem philosophischen Unternehmenszweck geschmückt. Wenn Sie bei Google „Unternehmen + Vision/Mission" eingeben, erhalten Sie auf den ersten Seiten nur Angebote von Beraterfirmen und theoretische Abhandlungen. Eine Vision ist nichts, was für Sie nutzbar wird. Manchmal schadet sie auch. Sie können Gelegenheiten verpassen. Sie werden sich nicht schnell genug dem Markt anpassen können.

„Wer Visionen hat, sollte zum Arzt gehen", wird Helmut Schmidt zitiert. Der Mann hat nicht ganz unrecht. Eine Vision – oder gar Mission – kann Sie behindern. Das ist eine zu hehre, zu dogmatische Sache. Visionen und Missionen sind dazu gemacht, damit man das Denken abschalten kann. Sie werden einmal sozusagen als Überschrift erstellt und sind anschließend unantastbar. Alles, was unantastbar ist, verstaubt, verknöchert und verkommt zu einem Gesetz oder einer Regel, die nicht mehr hinterfragt wird.

Visionen und Missionen sind auch gemeint, wenn es zu der „gut oder böse"-Frage kommt: Was treibt Sie an? Ist es Neugier oder Profitgier? Die Frage ist eine rhetorische, sie fragt nicht, sondern sagt und wertet. Deshalb können Sie Fragen getrost verweigern, die in Wahrheit Aussagen sind. Verweigern Sie die Pflicht zur Vision. Das sind Dinge, die Sie aufhalten werden, denn Dogmatismus hält auf und verhindert, an der jeweiligen Situation orientiert zu denken und zu handeln.

Die vergangenen fünf Jahre sollten die besten Ihres Lebens gewesen sein. Und die nun folgenden fünf Jahre sollten Sie auch zu den besten Ihres Lebens machen. Das ist die Regel, die auch mit 80 Jahren noch taufrisch sein kann. Dabei geht es aber nicht um „höher, schneller, weiter". Es geht nicht darum, als 75-Jähriger die noch längere Bergtour absolvieren zu müssen, weil das das Highlight der letzten Jahre toppen soll. Vielmehr kann es um das Gefühl gehen, sich nichts mehr beweisen zu müssen. Gelebt haben und trotzdem noch etwas vor sich zu haben. Es geht also nicht um den ganz großen Wurf, einer Vision aus einem Guss. Es geht darum, dass Sie erkennen, was da ist, dass Sie achtsam auf Ihr Umfeld schauen und sich auf Machbares konzentrieren.

In Ihrem Leben benötigen Sie keine Vision. Visionen oder Missionen können die Sicht auf Gelegenheiten verhindern. Wenn Sie sich hingegen auf das konzentrieren, was Ihnen wirklich wichtig ist, erhalten Sie sich Ihre Flexibilität und Vielseitigkeit.

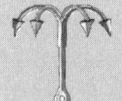 Konzentrieren Sie sich auf das, was Ihnen wirklich wichtig ist, nicht auf übergeordnete, dogmatische Regeln. Bleiben Sie flexibel und offen!

Beschränken Sie sich auf einige wenige Schwerpunkte. Persönliche Schwerpunkte sollten auch persönlich bleiben. Sie müssen sie nicht teilen, und schon gar nicht damit missionieren. Anders ist das in einer Organisation. Dort kommunizieren Sie Schwerpunkte, um andere zu erreichen und mitzunehmen. Sie können nicht 100 Projekte gleichzeitig als gleich wichtig definieren, hier werden Sie keine Mitstreiter gewinnen. Wenn Sie aber von einem Projekt überzeugt und begeistert sind, das mögliche Ergebnis in leuchtenden Farben darstellen, dann können Sie auch Ihr Team und Ihr Umfeld überzeugen und begeistern. Dazu gehört auch, dass Sie nicht locker lassen, dass Sie am Ball bleiben, immer wieder darauf hinweisen und ständig zeigen, wie wichtig Ihnen das Projekt, der Wert, der Partner etc. ist. Erwarten Sie nicht von Ihrem Gegenüber, dass dieses weiß, was Sie denken oder meinen.

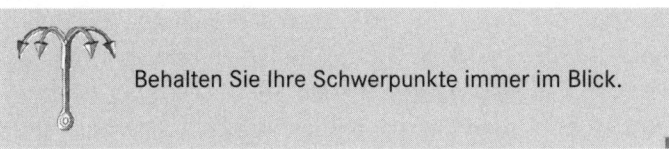

Behalten Sie Ihre Schwerpunkte immer im Blick.

Ziele visualisieren, kurzfristig planen und das große Ganze im Blick haben

Fragen Sie sich in einer entspannten und ruhigen Phase, wohin Ihre Reise gehen soll – nicht auf eine konkrete Situation bezogen, sondern ganz generell. Was wollen Sie überhaupt in Ihrem Leben erreichen? Was soll demnächst passieren? Was steht direkt an? Stellen Sie sich ein Zielbild vor. Dabei ist ein tatsächliches Bild gemeint, etwas, das man sich gut vorstellen kann. Bilder sind starke Werkzeuge, die Sie auf allen Ebenen anleiten können. Sowohl emotional als auch konkret. Planen Sie Ihre nächste Diät oder das anstehende Sportprogramm nicht mit einer Vorgabe in Kilogramm. Stellen Sie sich vor Ihrem inneren Auge ein Bild von sich im T-Shirt oder Bikini vor. Das motiviert viel stärker und kommt dem gewünschten Ziel viel näher. Dieses Ziel ist unbestechlicher als eine Zahl, die Sie auf der Waage sehen. Bereits Napoleon Hill bezeichnet in seinem Klassiker *Think and Grow Rich* (1937) das Visualisieren als das wichtigste Mittel zum Erfolg.

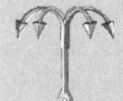

Planen in Bildern

Fassen Sie Ihre Ziele in konkrete Bilder. Wie soll es am Ende aussehen? Wofür machen Sie das alles? Denken Sie sich in die Situation hinein, wie fühlt es sich an, was spüren Sie in diesem Erfolgsaugenblick?

Worte und Zahlen runden die Planung lediglich ab.

Je kürzer die Zeiträume, desto leichter lassen sich die Punkte umsetzen. Und es hilft, Gelegenheiten zu erkennen und dafür bereit zu sein. Konzentrieren Sie sich auf die nächsten zwei, drei Monate. Sie können so auch das Feedback über Ihre Tätigkeiten direkt beim nächsten, überschaubaren Schritt berücksichtigen. Der Quartalsbericht wird so zwar wichtiger als der Jahresbericht, aber Sie sind näher am Kunden, am Mitarbeiter, am Lieferanten.

Im Geschäftsleben ist selbstverständlich auch ein Bericht der Zahlen, eine Jahresplanung nötig. Jahresziele brauchen wir, um den Erfolgsfall zu erkennen und zu kommunizieren. Ein klares Ziel in Zahlen definiert den Erfolgsfall eindeutig, macht es einfacher, ihn zu bewerten.

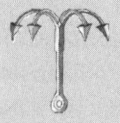

Planen Sie zweistufig: Ziele, die man mit Zahlen beschreiben kann, machen es einfach, den Erfolgsfall zu erkennen. Ziele, die man in Bildern beschreibt, motivieren und sind unbestechlich.

In Bildern zu denken hilft an vielen Stellen, wenn es um Zukunftspläne geht. Das berüchtigte schwarze Buch des Piraten, Ihr Kalender, kann ein bildhaftes Planungstool sein. Verwenden Sie keinen typischen Kalender. Wenn Sie kreativ arbeiten wollen, hilft Ihnen das Konzept des bullet journaling.

Bullet journaling

Mit dem bullet journaling passen Sie Ihr Planungstool Ihren Gedankenstrukturen an, nicht umgekehrt. Im Prinzip handelt es sich um das eigene Strukturieren und individuelle Nutzen eines Kalenders. Statt eine vorgefertigte Einteilung zu haben, schreibt man eine selbst definierte Ordnung ins Inhaltsverzeichnis und nutzt das Werkzeug so, wie man es braucht.

Das Konzept unterstützt das bildhafte Planen und überträgt die digitale Struktur des Arbeitens und Lesens auf ein Buch aus Papier. Das Bullet Journal unterstützt das vernetzte Denken, wie wir es durch die Hyperlinks kennen. Es ist nicht mehr linear von Seite 1 bis Seite 100 auszufüllen, sondern netzartig, anpassungsfähig, flexibel.

Bilder (Träume) dürfen ruhig etwas ausgefallener sein. Für Luftschlösser gelten keine Bauvorschriften. Und wenn Sie groß denken, benötigen Sie auch nicht mehr Energie.

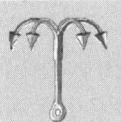

Halten Sie Ihre Ziele fest und visualisieren Sie diese in Ihrer eigenen Struktur.

Intuition schärfen

Mit Bildern kann man sein Unterbewusstsein programmieren. Sie arbeiten dann nicht nur mit Ihrem Alltagsbewusstsein (in Worten denken), sondern auch mit Ihrer Intuition (in Bildern denken). Menschen benutzen die Intuition hauptsächlich, um Entscheidungen, die besonders schnell getroffen werden müssen, abseits von Ihrem Alltagsbewusstsein zu treffen. Ein einsichtiges Beispiel dafür ist, wie Sie bei einem Sprung über einen kleinen Bach genau wissen können, wie viel Anlauf Sie brauchen werden und wie schnell sich Ihr aufkommender Fuß dem Untergrund anpasst. Wenn Sie dafür die physikalischen Berechnungen anstellen müssten, hätten Sie viel zu tun und würden wahrscheinlich im Bach baden gehen. Ihre Intuition verwendet dagegen schnell ablaufende Muster und verrechnet sie miteinander in einer Geschwindigkeit, die Ihr Alltagsbewusstsein nicht erreicht. Diese Muster werden Heuristiken genannt. Sie reagieren auf Bilder und Emotionen und laufen als Bilder und Emotionen ab.

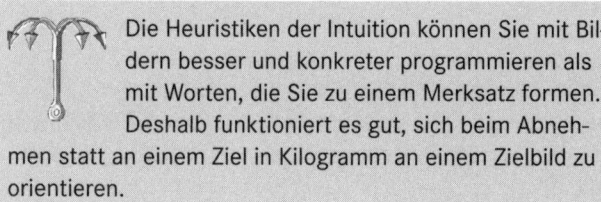

Die Heuristiken der Intuition können Sie mit Bildern besser und konkreter programmieren als mit Worten, die Sie zu einem Merksatz formen. Deshalb funktioniert es gut, sich beim Abnehmen statt an einem Ziel in Kilogramm an einem Zielbild zu orientieren.

Ihre Intuition oder Ihr Bauchgefühl generiert sich zwar unbewusst, aber Ihr Unterbewusstsein baut auf Ihren Erfahrungen, Ihrem Wissen, Ihrer ganz individuellen Geschichte auf. Daher ist die Intuition meistens ein guter Ratgeber. Sie sollten sich also immer wieder über Ihre wichtigen Themengebiete informieren, am Puls der Zeit bleiben, sich nicht gemütlich zurücklehnen oder sich mit zu vielen Dingen beschäftigen.

Essenz

- Schnell ist das neue „groß".
- Überholen statt überzeugen.
- Schnell sein durch:
    - Sofort anfangen, do tank statt think tank.
    - Parallel arbeiten, outsourcen.
    - Wenig Ballast, vor allem keinen strukturellen.
    - Alles dringend machen.
- Vorteile durch Aktionen.
- Schnell ist nicht schlampig, oberflächlich, gehetzt, planlos oder leichtfertig.
- Dogmen, Vision und Mission: Arbeiten Sie lieber mit Schwerpunkten.
- Planen Sie in Bildern.

Hintergrundinfo: Warum gerade jetzt?

Das Bild von der Welt ist nur ein Bild von der Welt

Man kann ganze Kontinente übersehen, wenn man noch nie da war. Warum nicht auch ganze Märkte?

Der Status quo ist bequem und Chancen des Neuen werden übersehen. Menschen sind Veränderungen gegenüber skeptisch. Sie übersehen Chancen, weil sie denken, sie bräuchten keine. Veränderung bedeutet Risiko. Und das will man nicht eingehen, wenn man sich gemütlich eingerichtet hat. Das sind die Voraussetzungen, unter denen sich die aktuellen weißen Flecken entwickelt haben: Übersehene Entwicklungen oder Wahrheiten, die viele nicht wahrnehmen wollen oder können.

Die virtuelle Landkarte der Welt, die eben in Umwälzung begriffen ist, ist nicht aus Erde oder Wasser. Es ist die Karte, die die Menschen als Bild in sich tragen, ihr Verständnis von der Welt und wie sie funktioniert. Noch sind die Veränderungen nicht einmal als weiße Flecken erkennbar. Die Vorstellung von der Welt und ihren Vorgängen ist kleiner als die Realität.

Ein Zustand, etwa vergleichbar mit den europäischen Weltkarten vor Kolumbus. Wer diese Karten heute betrachtet, weiß, dass die Karten ungenau waren und auch ein paar Kontinente fehlten. Wenn man die Karte aber ohne dieses Wissen betrachtet, also aus damaliger Sicht betrachtet, ist jede Stelle ver- und bezeichnet. Dort wo Wissen fehlte, ließ man der Fantasie freien Lauf. Anstatt eine Leerstelle als weißen Fleck darzustellen, wurden die Karten mit Legenden geschmückt, die dann als Wahrheit interpretiert wurden. Der florentinische Kartograf Martellus zeigte auf einer detaillierten Weltkarte um 1490 asiatische Gebiete (Lingenhöhl 2015). Dort sollten, so seine Angaben auf der Karte, die „Panotii" leben, die aufgrund übergroßer Ohrläppchen in eben diesen nächtigten wie in einem Schlafsack. Auf der Karte waren außerdem Seeungeheuer und sonstige Monster zu finden. Viele dieser Darstellungen übernahm auch Martin Waldseemüller, auf dessen Karte 1507 zum ersten Mal Amerika auftauchte. Die Ausschmückung passte zum Zeitgeist und es fiel nicht auf, dass es sich um Märchen handelte.

So werden weiße Stellen auf der Weltkarte übersehen, wie heute weiße Stellen in der Entwicklung der Welt.

Wenn wir davon ausgehen, dass es so etwas wie geistige und gesellschaftliche Landkarten gibt, auf denen wir uns gedanklich und daher auch mit unseren Taten und Geschäften bewegen, stellt sich die Frage, wo sich dort die übersehenen weißen Flecken befinden. Es ist eine gute Zeit, um diese Gegebenheiten als Erster zu erkennen – oder zumindest rechtzeitig.

Die Entwicklung der Welt ist in den vergangenen 20 Jahren unsicherer, unklarer und unstrukturierter geworden – ein Hinweis darauf, dass wir sie nun anders wahrnehmen und ausgeblendete Details ans Licht kommen. Bis in die 90er-Jahre des 20. Jahrhunderts war die Strukturierung der westlichen Welt in zwei Blöcke normal. So beängstigend die Situation war, so viel Sicherheit bot sie doch im Hinblick darauf, wie die Welt zu beurteilen war. Die Welt war klar in zwei Hälften geteilt, es gab die Guten und die Bösen. Es war klar, dass einer siegen würde, um die Situation aufzulösen. Als dieser Sieg mit dem Zusammenbruch des Ostblocks kam, kam folgerichtig das große Wort vom Ende der Geschichte auf. Doch selbst wer das nicht glaubte, hatte keine Vorstellung, was genau werden würde – die ersten Anzeichen der weißen Flecken auf der Karte kann man hier bereits erahnen. Wohin würde sich die Welt nach dem Ende der Geschichte entwickeln?

Die Moral der Starken und Freien verfängt zunehmend immer weniger in der Welt. Die klaren Grenzen auf unserer inneren Landkarte werden unschärfer. Wer hätte gedacht, dass auf dem Weltwirtschaftsgipfel in Davos 2017 ausgerechnet ein chinesischer Staatschef den freien Welthandel zusichert, während die Führung der westlichen Welt, der amerikanische Präsident, mit dem Ansinnen des Protektionismus aufwartet (*Handelsblatt* 2017).

Viele Karten werden gegenwärtig umgeschrieben oder neu erstellt; wir leben in Zeiten schneller Veränderungen und Fortschritt mit ungewissem Ausgang.

Die politische Landschaft verändert sich. Radikale bemächtigen sich der Stimmen der Ängstlichen. Dass wir es nicht haben kommen sehen, ist ein weißer Fleck auf der Landkarte der geistigen Verfasstheit der westlichen Welt. In dem Fall sind die Ängstlichen vermutlich die, die an die Monster auf der Karte glauben und deshalb wollen, dass alle da und so bleiben, wie sie sind. Wir versuchen, die unsicher gewordene Welt abzuschotten, um Veränderungen aufzuhalten, statt sie zu gestalten. Ein aussichtsloses Unterfangen, das an die Weberaufstände der Industrialisierung erinnert. Damals war die hilflose Geste der Fortschrittsverlierer das Zerschlagen der Webstühle. Das zeigt, dass selbst gewalttätige Versuche, Veränderungen der Welt zu stoppen, statt zu gestalten, zum Scheitern verurteilt sind.

Segeln Sie weiter auf Seite 159

Literatur

Hill, N.: *Think and Grow Rich.* Originalausgabe 1937.

Oetinger, B.; Gheyczy, T. v.; Bassford C.: *Clausewitz – Strategie denken.* dtv, München 2003.

Przyklenk, A.: „Schnelligkeit zählt". *Die News* 11. 2017_007.

4 Piratenprinzip „risikobereit" – wer wagt, gewinnt

Glück ist ein wesentlicher Erfolgsfaktor, dem man eine Chance geben muss. Piraten halten Ausschau nach Gelegenheiten und sind für den Zufall bereit. Das geht nicht ohne Risiko. Doch nur wer wagt, gewinnt!

Das Glück des Tüchtigen

 Kaum ein Bild wie das Bild eines Piraten suggeriert die enge Verbindung zwischen Wagnis und Gewinn. Ein Pirat geht ein enormes Risiko ein, jeder Überfall oder auch die tobende See können den eigenen Tod bedeuten. Aber der mögliche Schatz ist Motivation genug.

Wenn Sie eigene Wege gehen, dann gehen Sie auch enorme Risiken ein. Meistens zwar keine tödlichen Risiken, aber die Gefahr des Scheiterns droht allemal. Doch was bedeutet diese Gefahr angesichts der Chance auf Erfolg?

Viele von uns ziehen es vor, an bewährten Prozessen und alten Strukturen festzuhalten. Gerade im geschäftlichen Umfeld fallen Entscheidungen schwer, mit denen etwas Neues eingeführt wird. Viele Menschen empfinden Änderungen als Einmischung, vielleicht sogar als Bedrohung. Bei Veränderungen stehen daher oft einschränkende Fragen im Vordergrund:

- Vielleicht funktioniert die Produktionsmethode ja noch?
- Vielleicht ist der bestehende Absatzmarkt doch groß genug?
- Warum sollten wir etwas ändern, ist Beständigkeit denn kein Wert?
- Gehen wir nicht ein zu großes Risiko ein, wenn wir eine Veränderung wagen?

Es ist normal, dass Veränderungen auf Widerstand treffen. Selbst dann, wenn der Status quo von allen als unbefriedigend empfunden wird. Viele Menschen brauchen lange Vorbereitungsphasen, bevor sie Veränderungen aktiv unterstützen und durchführen. Es erscheint ihnen einfach zu riskant, aus dem Meer der Möglichkeiten neue Gelegenheiten zu fischen und sie dann erfolgreich zu nutzen. Deshalb tendieren die meisten Menschen dazu, alles beim Alten zu lassen.

Bewährtes gibt Sicherheit.

Bereit für neue Ufer?

Im Leben befindet sich alles im Fluss. Neue Trends verändern das gesellschaftliche Gefüge, einst unverzichtbare Geräte und Arbeiter sind plötzlich überflüssig, Zufälle erzeugen überraschende Erfolge oder bringen Wirtschaftsimperien zum Einsturz. Für Unternehmen und den Einzelnen gilt deshalb: Anpassungsfähigkeit ist überlebenswichtig. Denn Zufälle und unerwartete Entwicklungen sind die Regel, nicht die Ausnahme. Folgerichtig rät der Unternehmensberater Roland Berger (Handelsblatt.com 2009):

„Stehen Sie dem Zufall offen gegenüber!"

Die Bereitschaft, sich bietende Gelegenheiten wahrzunehmen, ist die Grundlage für den größeren Erfolg. Gute Gelegenheiten zu nutzen fällt nicht allen leicht. Dazu gehört Flexibilität. Flexibilität kann durch Training gesteigert werden. Eine Voraussetzung dafür ist der eigene Wille.

Der Zufall ist ein Helfer für die, die ihn nicht als Störung im Betriebsablauf ansehen.

Für einen Piraten ist selbst das noch zu wenig. Auf den Zufall muss man sich vorbereiten. Man muss Neues lernen, sich fortbilden und weiterdenken. Neues lernen, auch in neuen Gewässern, also in Bereichen, die das bisherige Gebiet ergänzen und erweitern. Zur Vorbereitung gehört die innere Haltung, sozusagen der „Mann im Ausguck". Das bedeutet, die Augen offen zu halten und den Zufall einzuladen, Unvorhergesehenes nicht mehr als Bedrohung zu betrachten, sondern als Chance. Es sind diese beiden Voraussetzungen – Flexibilität und Vorbereitung –, um günstige Gelegenheiten für sich nutzen zu können. Einerseits Flexibilität im Denken und Handeln, andererseits die Bereitschaft, ein Risiko einzugehen.

> *„Der wirkliche Stratege begrüßt die Unsicherheit als Quell der Inspiration."*
>
> *Carl von Clausewitz (1832)*

Sich in positiver Aufmerksamkeit üben

Bei einigen Menschen hat man den Eindruck, dass ihnen ständig irgendwelche glücklichen Begebenheiten zustoßen. Man könnte von Glückspilzen sprechen. Bei genauerem Hinsehen erkennt man, dass sie einfach mit großer Aufmerksamkeit für ihre Umwelt und ihre Mitmenschen sowie einer Portion Vertrauen in ihr eigenes Schicksal durchs Leben gehen. Sie beherrschen die Kunst, die richtige Gelegenheit auch abseits ihres aktuellen Weges zu erkennen. Gleichzeitig sind sie in diesem Augenblick flexibel genug, der Gelegenheit zu folgen, das heißt, sich auch mal treiben zu lassen.

In der Fachwelt gibt es dafür den Ausdruck Serendipität. Darunter versteht man das Beobachten von Fakten, die man in diesem Augenblick nicht sucht, die sich aber im Nachhinein als bedeutsam erweisen. Dieses Phänomen hat stets eine wesentliche Rolle in Forschung und Entwicklung gespielt.

∿ Entdeckung des Penicillins

Der Penicillinentdecker Alexander Fleming hatte 1928 eine Nährbodenplatte, auf die er Bakterien gab, über die Sommerferien vergessen. Ein Pilz, der auf der Nährbodenplatte wuchs, tötete die Bakterien in seiner Umgebung ab. Fleming entdeckte dieses Phänomen und nannte den Pilz Penicillin. Er fand auch heraus, dass der Pilz für Menschen ungiftig war. Den Wert als medizinischen Wirkstoff erkannte er jedoch nicht. Die Isolierung von Penicillin und seine Umsetzung als Medikament wurden erst einige Jahre später realisiert.

∿ Selbstklebender Notizzettel Post-it

In den Entwicklungslabors von 3M entstand eine Masse, deren Nutzen niemand auf dem Schirm hatte. Ein Kleber, der nicht dauerhaft, aber wiederholt haftete. Anwendungen wurden zwar getestet, aber erfolglos. Man war zwar der zufälligen Entdeckung aufgeschlossen gegenüber, trotzdem geriet der Klebstoff wieder in Vergessenheit. Erst Jahre später erlangte dieser Klebstoff in der Anwendung als wiederabnehmbarer Klebezettel seine heutige Bedeutung.

Im Alltag hilft eine positive Aufgeschlossenheit, insbesondere den Mitmenschen gegenüber. Interesse für andere schafft Ansatzpunkte. Je größer das Netzwerk ist oder je zahlreicher die Berührungspunkte zu anderen Menschen sind, desto größer ist schon rein statistisch die Wahrscheinlichkeit, dass sich daraus neue Gedanken oder erfolgreiche Geschäftsideen ergeben.

Eine wahre Serendipitätsmaschine ist das Internet. Die Verfügbarkeit der Information und die Möglichkeit, das Wissen auch kurzfristig aufzufinden, sind gigantisch. Mit der notwendigen Offenheit beim Suchen greift man Links abseits des Pfades auf, stößt auf unerwartete Verbindungen und

Querverweise zwischen den Themen. Die Digitalisierung potenziert die Gelegenheiten, die sich zum Glück ausbauen lassen.

Welche Faktoren lassen uns die Möglichkeiten des Phänomens Serendipität ausschöpfen? Wieder ist es die Fähigkeit, für den Zufall bereit zu sein. Konkret heißt das:

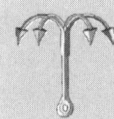

Bereit für den Zufall

- *Seien Sie gelassen*

  Folgen Sie nicht verkrampft dem Ziel oder den Keywords bei Google, alles andere wird dabei ausgeblendet. Mit der nötigen Gelassenheit erkennt man Wichtiges am Wegesrand, auch wenn es erst später an Bedeutung gewinnt.

- *Vertrauen Sie auf Ihr Glück*

  Probieren Sie mutig Neues aus. Der eine oder andere Link wird in die Irre führen und Zeit kosten. Sandra Erdelez, Serendipitätsforscherin an der University of Missouri in Columbia, USA, nennt Frustrationstoleranz ausdrücklich eine wichtige Komponente für das erfolgreiche Aufspüren von Gelegenheiten (Spektrum der Wissenschaft 2017).

- *Seien Sie flexibel*

  Anpassungsfähigkeit an wechselnde Umstände nennen wir Flexibilität. Das „kybernetische Gesetz der erforderlichen Vielfalt" (Ashby 1956) besagt, dass das flexibelste Element das System (die Maschine) prägt: Ein Zahnrad kann sich vorwärts und rückwärts drehen. Eine Gelenkverbindung dagegen lässt sich in alle Richtungen bewegen. Sie ist also viel beweglicher, viel flexibler als das Zahnrad.

> *Flexibilität ist dort hilfreich, wo Menschen zusammenarbeiten. Der Flexibelste beherrscht seine Umwelt besser. Der Spezialist bleibt ein kleines Rädchen im Getriebe. Projekte scheitern an unflexiblen Menschen, die den Zufall als Störung im Betriebsablauf verstehen. Flexible Menschen erkennen, dass die Chance dort liegt, wo andere eine Störung wahrnehmen. Zufälle sind oft Gelegenheiten. Um die Chancen in der Störung zu erkennen, braucht es den flexiblen Umgang mit der Umgebung.*

Wer schon einmal versucht hat, eine Scheibe Brot mit einem Hammer abzuschneiden, wird schnell einsehen, wozu Flexibilität benötigt wird. Flexibel ist der, der mehrere Werkzeuge zur Verfügung hat, um auf Situationen zu reagieren. Wer ausschließlich mit dem Hammer umgehen kann, kommt nur mit Nägeln zurecht. Flexibel kann man sich sogar in der Brot-und-Hammer-Situation zeigen: Wer sagt, dass man Brot in Scheiben schneiden muss? Piraten reißen ihr Brot in Stücke.

Die innere Haltung, der eingeschliffene Blickwinkel auf die Dinge, hält viele davon ab, neue Wege zu gehen. Um sich größere Spielräume zu verschaffen, muss man die Haltung des Status quo immer wieder herausfordern. Es ist eine Frage des Blickwinkels, sich mehr auf die Chancen als auf die Risiken zu konzentrieren. Diese Art der Fokussierung empfiehlt auch der US-amerikanische Ökonom Peter F. Drucker (2004) in seinen Schriften über Management. Drucker setzt auf integrative und strategische Planung der Unternehmensflexibilität als Grundsatz für Unternehmen in einer komplexer werdenden Umwelt. Für den Piraten geht es dagegen eher um die Flexibilisierung seiner Wahrnehmung, um sich an sich ändernde Umweltbedingungen anzupassen.

Jeder hat seine Portion Glück und Pech im Leben. Es kommt darauf an, dass Sie etwas aus Ihren glücklichen Gelegenheiten machen. Die Gelegenheiten, bei denen man nicht Feuer und Flamme ist, Chancen, die einen nicht „anzünden", sind es nicht wert.

> Echte Piratenchancen erkennen Sie, wenn Sie Ihnen begegnen. Es sind die, die Sie durch wirklich ungewöhnliche und neue Ansicht der Welt förmlich anspringen. Für diese Chancen müssen Sie arbeiten, Sie müssen Ihre Weltsicht immer wieder herausfordern und die Welt als Vexierbild sehen.

Nicht das Nach-Denken, sondern das Quer-Denken ist das Mittel der Wahl. Üben Sie daher, Ihre Denkgewohnheiten zu brechen. Lassen Sie dazu immer neue Informationen zu. Hören Sie Leuten zu, die Ihre Vorzimmerdame bisher immer ohne Ansicht der Sache abgewimmelt hat. Lesen Sie Bücher, die Sie normalerweise nicht lesen würden. Besuchen Sie Orte, die Sie nicht auf der Agenda hatten. Hinterfragen Sie das, was Sie noch nie zu hinterfragen gewagt haben, und gehen Sie noch einen Schritt weiter: Hinterfragen Sie das, von dem Sie noch nicht mal wussten, dass man es hinterfragen kann. Übertragen Sie Verfahren und Gedanken von einem Lebensbereich in den anderen. Denn:

„Die Zukunft ist verrückt."
Richard Branson (2013)

Chancen nutzen

Chancen und Gelegenheiten kann man gezielt aufsuchen. Sie sind nichts, das man passiv und duldend erlebt. Die historischen Piraten haben sich nicht hinter einem Felsen im flachen Wasser versteckt und gewartet, dass das passende Schiff vorbeikommt. Vielmehr haben sie vorgemacht, wo man auf Piratenchancen trifft. Man muss die „Orte" – auch die gedanklichen Orte – kennen, an denen es am wahrscheinlichsten ist, Erfolg zu haben.

Chancen finden sich an ungeregelten Orten. Dort, wo noch nicht alles festgelegt ist: auf den weißen Flächen der Landkarte. Das war eine der effektiven Strategien der historischen Piraten.

Ebenso interessant sind die besonders stark geregelten Orte. Dort gibt es viele selbstverständliche Konventionen und Abläufe, die „schon immer so sind". Eine Art Ballett der unhinterfragten Abläufe und Regelungen, eine festgelegte Choreografie. Die ungeregelten Orte befinden sich sozusagen „dazwischen". Die Chancen liegen dort, wo man Konventionen brechen kann. Dort, wo man etwas anders machen kann – wenn man fähig ist, hinter die Selbstverständlichkeit zu sehen.

Mit anderen Worten: Neben dem richtigen Ort brauchen Sie auch das richtige Denken. Es sind diese Chancen, die – zugegeben nicht jedem – ins Auge springen. Sie drängen sich auf, und von ihrem Potenzial ist man sofort überzeugt. Das Risiko der historischen Piraten war sehr hoch, weil sie ihr Leben einsetzten. Halbherzige Chancen à la „könnte vielleicht etwas daraus werden" waren dieses Risiko nicht wert.

Für die Arbeit heute bedeutet das, dass Sie das Ohr am Markt haben müssen und Ihr Netzwerk gewinnbringend einsetzen und ausbauen. Ein ausgestaltetes Netz von Informanten und Spionen sorgte damals dafür, dass Piraten wussten, welcher Beutezug sich lohnen würde. Warten Sie die beste Gelegenheit ab und handeln Sie erst dann. Zum Trost: Die Warterei heute ist viel komfortabler als damals, als man wochenlang auf See kreuzen musste. Mit Sicherheit war das ziemlich langweilig, das Essen war mager und schlecht, während man vor der Royal Navy auf der Hut sein musste. Moderne Piraten haben es da besser. Sie können Wartezeit genießen oder mit Sinnvollem füllen. Während des Wartens gibt es wohlschmeckendere Alternativen gegen Skorbut als Sauerkraut.

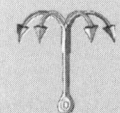

Geeignet zum Glückspilz?

- Bin ich offen für Neues und neugierig auf Mitmenschen?
- Lässt mich meine Gelassenheit Gelegenheiten im richtigen Augenblick erkennen?
- Kann ich auf einem klar vorgezeichneten Weg auch mal abschwenken?
- Vertraue ich darauf, dass gute Chancen zufällig in mein Leben treten?
- Probiere ich manches einfach mal aus?
- Beende ich Neues auch wieder rechtzeitig, um Neueres auszuprobieren?

Professor Christian Blümelhuber (2015) ist ein bekannter Marketing-Guru. An der Universität zu Brüssel lehrt er strategische Organisationskommunikation. In einem Interview mit dem *Börsenblatt* unterstreicht er, dass es statistisch gesehen erfolgversprechender ist, auf gute Gelegenheiten, die sich zufällig ergeben, angemessen und schnell reagieren zu können, als einen detaillierten Plan zu machen.

Der Turbounternehmer und Autor James Watt (2016) bezeichnet Planung sogar abschätzig als glorifiziertes Raten.

Vor allem von den Erfolgreichen wird oft geleugnet, dass Erfolg von Glück abhängt. Und den Erfolgreichen hört man gemeinhin mehr zu als den Glücklosen. Daher herrscht die Meinung vor, Erfolg sei nur ein Ausfluss von Persönlichkeit und Fähigkeit. Dieser Glaubensgrundsatz dient vor allem dazu, andere davon abzuhalten, ihr Glück einfach zu versuchen. Diese Darstellungsweise ist eine Art Monopolisierung, sozusagen ein Markteintrittshemmnis. Wer daran glaubt, denkt häufig, dass er selbst weder die Persönlichkeit noch die Fähigkeit besitzt, um erfolgreich zu sein.

Das Plädoyer des Piraten weist dagegen ausdrücklich darauf hin, dass Glück ein wichtiger Faktor ist – einer, den man zu nutzen wissen muss. Weder Persönlichkeit noch Fähigkeit sind zementierte Werte, die einem ab der Wiege die Welt öffnen oder verschließen. Der Pirat ist der Mann oder die Frau der Tat. Gehen Sie einfach die Dinge an, bei denen Sie das Gefühl haben, das Glück ist auf Ihrer Seite. Seien Sie ansonsten einfach, wer Sie sind! Sie müssen sich nicht ändern, Sie müssen nur das Richtige tun.

♒ Clever Fit

Alfred Enzensberger hat seine Piraten-Chance genutzt: Er ist Gründer und Geschäftsführer von Clever Fit, der standortstärksten Unisex-Fitnesskette in Deutschland (Stand 2016). Glück bezeichnet er ausdrücklich als einen Faktor seines Erfolgs (Enzensberger 2016). Er hat den Zeitgeist getroffen. Er konnte umdenken und Fitness nicht als Hobby, wie beispielsweise Fußball, sondern als körperliches Grundbedürfnis sehen. So steht der Besuch im Fitnessstudio nicht in Konkurrenz zu anderen Sportarten. Den Small Talk überlässt man der Bar im Tennisklub.

Fitness heißt heute oftmals kurzes, intensives Training, Arbeiten am Körper. Diesen Trend hat Clever Fit glücklich getroffen. Es gibt keine Saunas, anfangs gab es Duschen nur gegen Aufpreis, dadurch konnte man günstigere Preise darstellen. Körperbewusstsein und Fitness werden zur finanzierbaren Grundfunktion, das Hobby der Kunden ist Zusatz und kein Wettbewerb zum Fitnessstudio, womit sich für Fitnesscenter ein wesentlich größerer Markt erschließt.

> *Dem Wettbewerber McFit nahm der Gründer damit den Wind aus den Segeln, dass er buchstäblich die weißen Flecken in der Landkarte besetzte. Clever Fit eröffnete seine Studios auch dort, wo für McFit der Markt zu klein erschien: in den kleineren und mittleren Städten.*

Was führte Alfred Enzensberger zum Erfolg? Er blickte zum richtigen Zeitpunkt neu auf die Dinge und erkannte den Zeitgeist – und damit die Marktlücke. Er ging ein Risiko ein und machte fette Beute.

Essenz

- Der Status quo ist kein Wert an sich.
- Der Zufall ist ein Helfer für die, die ihn nicht als Störung im Betriebsablauf verstehen.
- Gelassenheit, Vertrauen auf Ihr Glück und Flexibilität lassen Sie diese Zufälle finden.
- Glück ist ein Faktor, den es zu nutzen gilt.
- Je flexibler Sie sind, desto mehr bestimmen Sie, wo es langgeht.

Mutige leben besser

 Mut bringt Ansehen, Adrenalin und die ganz große Beute. Die Mutigen sterben früher, aber alle anderen sind schon tot, nicht geachtet und nicht respektiert. Man hat weniger zu verlieren, und man riskiert weniger, als man denkt.

Kühnheit besitzt Magie. Aber Piraten unterscheiden genau zwischen Risikobereitschaft und Naivität beziehungsweise Draufgängertum.

„Helden sterben früher", drückt die Angst aus, heroisches Handeln sei zu gefährlich. Dem muss man entgegenhalten: Mutige leben besser. Sie sind erfolgreicher. Das Ansehen steigt, denn niemand schätzt Angsthasen. Mutige Menschen bekommen den Respekt der anderen gratis dazu. Ihr Mut wird bewundert, manchmal werden sie sogar dafür beneidet.

Tote Helden sind dagegen sprichwörtlich. Sucht man nach historischen Helden, kommen einem Jeanne d'Arc oder Richard Löwenherz in den Sinn – und ihr frühes, grausames Ende. Sie scheinen zu beweisen, dass Helden tatsächlich früher sterben. Sicher, die wenigsten Piraten starben erst spät und friedlich, wie Sir Francis Drake, der mit 56 Jahren an der Ruhr dahinschied. Aber in der modernen Welt sind die Gefahren andere. Lebensgefährliche Situationen sind heute eher selten. Und meist wird auch diese Restgefahr überschätzt.

 In der Businesswelt von heute stirbt die Reputation, nicht der Mensch.

Man hat also weniger zu verlieren, als man denkt. Der Vorteil, den man mit Mut erreichen kann, ist größer als der, den man durch Angst erreicht. „Mehr Glück als Verstand" wird oft über die gesagt, die sich getraut haben. Dabei spielen in Wirklichkeit eine Menge Neid und das Bedauern mit, dass man sich selbst vielleicht nicht getraut hat. Kühnheit besitzt Magie, es muss nicht gleich Heldenmut sein.

 **Kaperregel:**
Entern Sie nicht die Royal Navy

- Treffen Sie nur Entscheidungen, die Sie auch umsetzen können!
- Kämpfen Sie nie wegen der Ehre!

Mut bedeutet nicht, keine Angst zu haben. Wer keine Angst hat, ist nicht gesund. Psychopathen haben keine Angst. Sie können Gefahren, die in der Zukunft liegen, emotional nicht erkennen. Gesunde Menschen dagegen haben Ängste. Nicht umsonst sind Psychopathen signifikant häufiger in hohen Managementpositionen anzutreffen als in der Normalbevölkerung. Sie legen, bedingt durch das Versagen ihrer Angstgefühle, eine größere Risikobereitschaft an den Tag als Gesunde und sind daher im Durchschnitt lange erfolgreicher. Der Nachteil ist, dass Angstfreie und Gewissenlose verheerendere Schäden anrichten können als Gesunde. Es gibt nur einen Ort neben den Chefetagen, wo Psychopathen im Verhältnis zur Restbevölkerung häufiger zu finden sind: im Gefängnis (Hoffmann 2014).

Daraus kann man schließen, dass Angst in der richtigen Dosierung schützt. Sie macht präsent und wach, aufnahme- und fluchtbereit. Angst schützt Sie davor, Mut mit Waghalsigkeit zu verwechseln. Mutig sind nicht die, die keine Angst haben.

 Die Angst ist Ihr Freund. Aber auch einen Freund lassen Sie ja nicht über Ihr Leben entscheiden.

Wie haben sich Piraten und Seeleute in der „guten alten" Zeit Mut gemacht? Sie haben die Dinge oft verniedlicht und kleingeredet. Der Ozean mit seinen Weiten und Gefahren wurde so zum „großen Teich". Drei aufeinanderfolgende Monsterwellen wurden als „drei Schwestern" bezeichnet. Wenn man etwas erreichen will, ist es einfacher, die Bewertung der Dinge zu ändern als die Gefahren selbst. Piraten brauchten viel Mut, und sie haben einen Weg gefunden, mit ihrer Angst umzugehen. Sie haben sie neu beschrieben, neu eingeordnet.

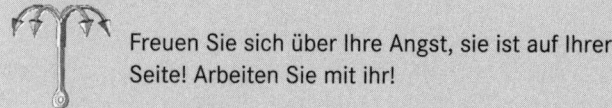

Freuen Sie sich über Ihre Angst, sie ist auf Ihrer Seite! Arbeiten Sie mit ihr!

Privatpiraten müssen nicht als Helden geboren worden sein. Die Legende vom geborenen Helden, der bei Ankunft im Leben bereits mit Lorbeer bekränzt war, ist erfunden.

≈ Ingvar Kamprad

Ein gutes Beispiel ist der als besonders vorsichtig bekannte IKEA-Gründer Ingvar Kamprad. Er fürchtete den Höhenrausch und war überkontrolliert in persönlichen Angelegenheiten. Er benötigte sein Vermögen zur Stabilisierung und gegen seine Ängste. Kamprad, ein Zweifler und Zauderer? Erstaunlich!

Achtung Gegenwind

Kamprad genoss großes Ansehen. So ergeht es allen, die mutig handeln. Doch es sind Kleindenker und Bedenkenträger, die sich dem kühnen Macher entgegenstellen. Echte Piraten wissen, wie sie diesen Gegenwind nutzen können.

Hören Sie genau hin und fragen sich, wovon die anderen sprechen. Sprechen sie von ihrer eigenen Angst, den Schwarm zu verlassen? Schließlich wird es nicht gerne gesehen, wenn jemand aus der gleichgestellten Gruppe ausbricht, man behält Sie lieber im Kollektiv. Oder ist es der Neid, der aus den anderen spricht? Wenn ja, dann sind Sie auf dem richtigen Weg! Frech zu sein und die Regeln zu hinterfragen und gegebenenfalls zu brechen, bringt Sie voran und an neue Ufer. Klar, man kann auch mal Schiffbruch erleiden – das gehört zum Lernprozess. Doch meist kommen Sie trockenen Fußes an Ihr Ziel und ans neue Ufer.

 Wenn Ihnen Gegenwind entgegenschlägt, nutzen Sie diesen. Hören Sie genau zu, achten Sie auf die Argumente. Gibt es richtige Argumente gegen Ihre Ideen? Wenn es jedoch um Ängste oder Neid geht, dann sind Sie auf dem richtigen Weg!

Die gesellschaftlichen Sanktionen, zum Beispiel der Misskredit der Kollegen oder Nachbarn für Ihr Ausbrechen aus der Gemeinschaft oder das Überschreiten der Grenzen, sind in kleinen Gruppen eine große Hürde. Der Mensch war schließlich stets auf diese Gemeinschaften angewiesen. Das Jäger- und Sammlerdorf in der Steinzeit oder die Handwerkergilde im Mittelalter waren überlebenswichtig. Auch Piraten konnten sich innerhalb ihrer Crew nichts erlauben. Im Gegensatz dazu haben sie sich allerdings kaum um die Regeln in der restlichen Gesellschaft geschert.

In der globalisierten Welt nimmt die Abhängigkeit von einzelnen Personen kontinuierlich ab (Thießen 2014). Individuum und Kollektiv driften mehr und mehr auseinander. Man ist mehr darauf angewiesen, dass die moderne Arbeitsteilung funktioniert. Persönliche Beziehungen sind dagegen mehr und mehr wählbar geworden. Dass die Tankstelle Benzin für Sie vorrätig hat, hängt nicht davon ab, ob Sie den Tankstellenbesitzer freundlich behandeln. Sie können sich heute mehr erlauben, Frechheit wird weniger sanktioniert. Es ist einfacher geworden, mutig zu sein.

 Oftmals halten uns nur noch veraltete gesellschaftliche Konventionen zurück, weniger das tatsächliche Risiko.

Nichts bereut – wenig gewonnen

Der Pirat geht die Dinge mutig und konzentriert an: Weniger reden, mehr machen. Lieber anfangen als zaudern. Dazu lohnt es sich, die Angst vor Fehlern abzulegen. Fehler sollte man nicht bereuen, sondern aus ihnen lernen. Sie werden Ihre verpasste Gelegenheit bereuen. Denn die Gelegenheit kommt nicht wieder. Der vergangene Fehler zahlt sich dagegen immer wieder aus – wenn Sie ihn nächstes Mal vermeiden können.

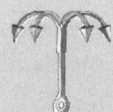

Entscheidungshilfen

- Muss ich diese Entscheidung überhaupt fällen?
- Kann ich die getroffene Entscheidung auch durchsetzen?
- Bin ich danach noch Kapitän meines Schiffes (oder tot oder abgewählt)?
- Macht das Ergebnis reicher, schöner und den Nachbarn neidisch?
- Was würde mich begeistern?
- Wird die Entscheidung jedem gefallen? Wenn ja, ist es eine schlechte Entscheidung.
- Geht es um die Ehre oder um den guten Ruf?

Wenn Sie nichts bereuen, haben Sie keine Fehler gemacht. Wenn Sie keine Fehler gemacht haben, haben Sie nichts entschieden. Denn das Wesen einer Entscheidung ist, dass es mehrere Handlungsmöglichkeiten gibt, wobei die beste Lösung nicht von vornherein klar ist. Alles andere ist keine Entscheidung. Entscheidungen trifft man unter Unsicherheit, und Unsicherheit birgt ein Risiko.

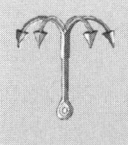

Mut üben

Mut ist etwas, das man tut. Üben Sie sich darin, durch die Angst zu gehen. Vielleicht gehen Sie einmal täglich ein unangenehmes Thema an, auch wenn Sie sich lieber davor drücken wollten. Machen Sie das Unangenehme zuerst und genießen Sie das Gefühl, wenn es hinter Ihnen liegt. Mit diesem Rückenwind werden Sie das wesentliche Thema des Tages mit anderen Vorzeichen anpacken.

Wenn Sie keine Fehler gemacht haben, dann haben Sie nichts ausprobiert. Sie sind keine Risiken eingegangen. Wir reden nicht von handwerklichen Fehlern, denn Ihr Business sollten Sie beherrschen: die jeweiligen Umgangsformen, Regeln und Techniken. Schließlich müssen Sie wissen, wie Sie das Schiff um die Klippen steuern können.

Wir reden von Fehlentscheidungen in komplexen Situationen. Der Mut zur Entscheidung birgt das Risiko der Fehlentscheidung. Diese Relation zwischen Risiko und Gewinn muss neu bewertet werden. Über das Ziel hinausschießen oder zu früh dran sein ist Teil des Lernprozesses, während Sie die neue, eigene Grenze suchen. Es ist die Entscheidung für das seichtere Gewässer, um das Handelsschiff zu überholen und wiederaufzutauchen, wenn keiner damit rechnet.

Essenz

- Chancen aufsuchen: ungeregelte Orte und überregulierte Orte.
- Mutige leben besser.
- Mut nützt öfter, als er schadet, man riskiert weniger, als man denkt.
- Mut ist etwas, das man tut.
- Angstfrei ist nicht mutig, sondern krank.
- In der richtigen Dosierung schützt Angst.

Das größere Ertragsversprechen

„Entrepreneurship and piracy... the two concepts can hardly be distinguished as soon as we hustle them from their moral burdens." (Roth 2014)

Piraterie ist Unternehmertum. Kluge Geschäftsleute wissen, dass sie Risiken eingehen müssen, um einen höheren Ertrag zu erzielen.

Unternehmertum bedeutet, ein Risiko einzugehen. Im Kapitalismus ist das Risiko untrennbar mit der zu erreichenden Gewinnspanne verbunden. Piraterie ist eine Form von Kapitalismus. Das Wort „Pirat" leitet sich vom griechischen „peiran" ab, was übersetzt „Unternehmer" bedeutet. Piraterie war historisch ein risikoreiches Geschäft, allerdings eines mit beachtlicher Gewinnspanne.

Das größere Ertragsversprechen liegt also dort, wo Risiken eingegangen werden, in der Regel ist das außerhalb der Komfortzone. Es sind krisenhafte Situationen, in die man damit hineingerät. Wenn man die Situation aber annimmt, nennt man das ein Abenteuer. In China beinhaltet das Wort „Krise" das Zeichen „ji", dieses bedeutet Gelegenheit. Der griechische Ursprung des Wortes „krisis" bezeichnet den Wendepunkt einer gefährlichen Lage.

Krisen verändern die Regeln. Das wird klar, wenn wir uns die Finanzkrise ab 2008 vor Augen halten. Die Bankenrettungen, die ungeahnten Verwerfungen, die Gewinner, die Verlierer dieser Krise haben eines gemeinsam: Mit Beginn der Krise waren alle Gewissheiten abgeschafft. Nichts blieb, wie es war – keine Werte, keine gesellschaftlichen Normen, die bis dato auf dem Markt geherrscht hatten. Vieles wurde neu geschrieben. Dass das eine Piratensituation war, ist kaum zu übersehen. Warren Buffett, US-amerikanischer Investor, der 2016 zu den acht reichsten Menschen der Welt zählte, meinte: „Kauf, wenn das Blut in den Straßen fließt." Nun, wer in dieser Krise das Richtige gekauft hat, wird von der Umwertung aller Werte auf dem Finanzmarkt am Ende profitiert haben. Und so war es auch im Falle Buffett, dessen Finanzaktien, die er auf dem Höhepunkt der Krise gekauft hatte, in nur einem Quartal um 36 % anstiegen (*Welt* 2008). Aber auch japanische Banker ergriffen die Chance und sicherten sich, obwohl sie bis dato mit der eigenen Krise befasst gewesen waren, einige Geschäftsfelder der untergehenden Banken in den USA.

Es gilt, das Risiko genau zu bewerten. Denn es besteht ein wesentlicher Unterschied zwischen sorglosem, naivem Draufgängertum und Risikobereitschaft mit einer Portion Mut. Es ist sinnvoll, ein kalkuliertes Risiko einzugehen, also eines, das nur noch so wenig Überraschungen wie möglich bereithält. Selbst wenn man alles bedacht hat, kann immer noch genügend schiefgehen. Insgesamt ist Unternehmertum nichts, was Sicherheit bietet. Unternehmen werden in der Regel nicht alt. Aus dem ersten Dow Jones von 1884 ist nur noch eine einzige Firma, General Electric, aktiv.

 Beständigkeit und Zuverlässigkeit führen nicht automatisch zu Langlebigkeit.

Ein Unternehmen benötigt stattdessen auch Mut und Glück, so der langjährige Chef von Vorwerk Jörg Mittelsten Scheid (*WirtschaftsWoche* 2017). Vorwerk wurde 1883 gegründet. Die schwierigen Zeiten in den 20er-Jahren des 20. Jahrhunderts überlebte das Unternehmen, indem es anders als die Mitbewerber agierte. Es importierte den Direktvertrieb aus den USA. Erst die Staubsaugervertreter an der Haustüre machten ein gutes Produkt, den Kobold, auch zu einem Verkaufserfolg. Mittlerweile verbinden wir eine andere Erfolgsgeschichte mit dem Namen Vorwerk: den Thermomix, ein Multifunktions-Küchengerät. Dieses Produkt hat an Umsatz und überzeugten Fans die, nach wie vor erfolgreiche, Kobold-Serie übertroffen. Allerdings ist der Thermomix kein einmaliger Lucky Punch oder die logische Ableitung eines Produkts im Haushaltsgerätesegment. Es ist eines von zahlreichen Produkten, mit denen Vorwerk an den Start ging. Man fängt an und riskiert etwas. Aber man segelt nicht auf dem Trockendock. Wenn etwas floppt, dann beendet man es auch, radikal konsequent. So stellte Vorwerk die Bereiche Einbauküchen, Bügelsysteme und Fertighäuser wieder ein.

 **Dem Glück eine Chance geben**

Glück muss man haben, wie Vorwerk beim Thermomix. Ja, aber man muss dem Glück auch eine Chance geben. Risiken eingehen, auch mal anders als andere agieren und den Mut haben, etwas einfach mal anzufangen, aber auch den Mut, etwas wieder zu beenden.

Piraten würden Unternehmertum allerdings vermutlich als ENTERpreneurship verstehen. Der Vergleich eines Piratenschiffes mit einer Firma zeigt Erstaunliches. Eine Piratencrew war stets straff geführt, das war in Krisensituationen oder in einer Auseinandersetzung notwendig. Auch in der Armee gibt es eine klare Hierarchie, man benötigt schnelle, klare Entscheidungen und Anweisungen. Auf der anderen Seite kann man die Piratengemeinschaft als workers cooperative verstehen. Die Kapitäne wurden bei ausbleibendem Erfolg, meist unsanft, abgesetzt und neu gewählt. Moderne Unternehmen würden diese Schiffe mit der gewinnbringenden Mischung aus Hierarchie und Mitarbeiterbeteiligung beneiden. Die Motivation eines Unternehmens und die eines Piratenschiffs sind vergleichbar: Es geht um den Profit.

Essenz

- Piraterie ist ENTERpreneurship.
- Piraten verbinden Elemente der workers cooperative mit straffer Führung.
- Im Risiko liegt das größere Ertragsversprechen.

Literatur

Arnold, F.: *Der beste Rat, den ich je bekam.* Hanser, München 2016.

Ashby, R.: *An introduction to cybernetics.* Wiley, New York 1956.

Blümelhuber, C.: „Ideen müssen zugelassen, gesammelt und durchprobiert werden". *boersenblatt.net* 17.05.2015.

Branson, R.: *Like a Virgin.* Virgin Books, Kulmbach 2013.

Clausewitz, C. v.: *Vom Kriege.* Ullstein, Berlin 1980.

Drucker, P. F.: „What Makes an Effective Executive". *Harvard Business Review* Juni 2004.

Enzensberger, A.: Eigenes Interview vom 13.07.2016.

Handelsblatt.com: „Roland Berger: ‚Ich folge meinem inneren Kompass'", Interview mit Roland Berger. 31.05.2009.

Hoffmann, J.: „Persönlichkeitsstörung – Auffällig viele Psychopathen werden Chef". Interview in *Zeit online* 26.05.2014.

Roth, St.: „The eye-patch of the beholder: introduction to entrepreneurship and piracy". *International Journal of Entrepreneurship and Small Business* Vol. 22, No. 4 2014.

Spektrum der Wissenschaft: „Lust auf Glück". Interview mit Sandra Erdelez, 3/2017.

Thießen, F.: *Die Evolution von Gut und Böse in Marktwirtschaften.* Springer Gabler, Berlin 2014.

Watt, J.: *Business für Punks.* Redline Verlag. München 2016.

Welt.de: „Die Gewinner und Verlierer der Finanzkrise". 19.12.2008.

WirtschaftsWoche: „Sie hatten viele Lucky Punches". Interview mit Jörg Mittelsten Scheid, 23.06.2017.

5 Piratenprinzip „unberechenbar" – Überraschung nutzen

Die Welt ist unberechenbar, und auch Piraten sind so. Unberechenbar werden Sie, wenn Sie wissen, was das Wesen der Unberechenbarkeit ausmacht. Segeln Sie unter dem Schirm, also unsichtbar, und überraschen Sie den Gegner mit einer Prise Frechheit. Paradoxerweise ist Unberechenbarkeit erlernbar, weil sie einigen Regeln folgt: unsichtbar, frech und anders zu agieren. Unberechenbarkeit ist dagegen nicht die Launenhaftigkeit einer Diva. Der Pirat liefert sich nicht etwa seinen eigenen Launen aus. Unberechenbarkeit setzt er sehr gezielt ein.

Das Wesen der Unberechenbarkeit

 Piraten sind unberechenbar. Sie sind sozusagen unsichtbar. Man fliegt unter dem Radar, ist immer gerade woanders beschäftigt und nicht verfügbar für die Kollegen.

Tun Sie immer genau das, was von Ihnen erwartet wird? Dann gelten Sie sicherlich als zuverlässig, aber auch als langweilig und einfallslos. Das Überraschungsmoment kennen Sie dann nur aus der passiven Perspektive.

„You can always trust the untrustworthy because you can always trust that they will be untrustworthy. It's the trustworthy you can't trust."

Captain Jack Sparrow

Captain Jack Sparrow spricht ein großes Wort gelassen aus. Für den Piraten ist Unberechenbarkeit ein Teil seines Kapitals. Das gilt nicht nur für die Piratenlegenden aus früheren Tagen, sondern auch für den Privatpiraten.

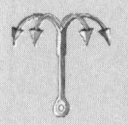 Den Einzigen, den Sie mit Ihren Aktionen nicht überraschen sollten, sind Sie selbst.

Unberechenbar sein hat den Effekt, dass man Sie nicht auf dem Schirm hat. Es bedeutet dagegen nicht, aus Prinzip unzuverlässig zu sein. Unzuverlässigkeit ist ein Fauxpas, der im Arbeitsleben schnell zur Fußangel wird, ein Mittel also, das man höchstens wohldosiert einsetzen sollte.

Wer unberechenbar ist, der handelt für andere nicht vorhersehbar und geht so schon einem Teil der Schwierigkeiten aus dem Weg. Bevor sich der Kollege überhaupt eine

Meinung bilden konnte, sind Sie schon auf zu neuen Ufern gesegelt. Den Vorteil der Unberechenbarkeit büßt man allerdings ein, wenn das das einzige Rezept ist. Jeder wüsste schnell, dass man bei Ihnen mit Unvorhergesehenem zu rechnen hat. Deshalb entscheiden Sie bewusst, wann Sie unberechenbar sein wollen.

„Die Nation muss unberechenbarer werden."

Diese Meinung vertritt Donald Trump. Vieles von Trump erschließt sich einem nicht. Aber eines seiner Erfolgsprinzipien – und man kann denken, was man will, Erfolg hat er – ist mittlerweile allen klar geworden: die Unberechenbarkeit.

Die Verbündeten wollen sich auf die USA verlassen können. Aber ebenso wie die Vereinigten Staaten für ihre Verbündeten verlässlich sind, sind sie für ihre Gegner berechenbar. Man kann zwar überraschende Schritte vorab mit seinen Verbündeten abstimmen, aber das hat seine Grenzen.

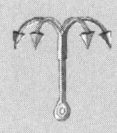 Seien Sie für Ihre Freunde und Verbündeten beruflich wie privat ein verlässlicher Partner, aber werden Sie nicht zum ausrechenbaren Langweiler.

Piraten waren unsichtbar, weil sie sich in Gesellschaft tarnten. Ihre Schiffe waren unsichtbar, weil sie ihre Routen schlau wählten und weil sie nicht in großen Flotten unterwegs waren. Selbst heutige Seepiraten unterlaufen die technisch hochgerüsteten Radarschirme der großen Schiffe, die sie in ihre Gewalt bringen, weil sie mit kleinen, schnellen Schiffen ohne technische Ausrüstung entern. Tarnen und unscheinbar sein, zu klein, um eine Gefahr darzustellen, ist auch in den unsicheren Gewässern des Alltags für den Privatpiraten eine gangbare Strategie.

Das *Handelsblatt* schreibt über die somalische Piraterie, dass Angriffe auf zu gut bewaffnete Schiffe stets abgebrochen werden. Piraten gehen auch hier zielgerichtet vor, sie kämpfen nicht um die Ehre, sondern um die Beute. Einige der somalischen Piraten halten sich sogar an einen Verhaltenskodex, der die Operation und Organisation straff regelt, selbst der „gute alte" Piratenvertrag ist also noch in Kraft (Steinberger 2010).

Eine Expertin des Deutschen Instituts für Wirtschaftsforschung, Anja Shortland, äußert im Interview (Neuerer 2011), dass Piraterie im Golf von Aden im Großen und Ganzen von der Staatengemeinschaft geduldet werde. Sie verweist darauf, dass somalische Piraten kluge Geschäftsleute seien. Diese Leute halten ihr Business klein und unsichtbar. Sie schützen ihr Geschäft auch vor der Infiltrierung durch Terrorgruppen. Würden sich Piraterie und Terror verbünden, gerieten sie schnell ins Fadenkreuz der Weltgemeinschaft. Sie würden sichtbar und störend. Irgendjemand würde anfangen, Lösungen für das Problem zu finden. Bisher segelt man sozusagen unter dem Radar hindurch – und das nicht einmal nur im übertragenen, sondern auch im Wortsinn.

 Bleiben auch Sie „unsichtbar". Segeln Sie mit Ihren Aktionen unterm Radar. Bleiben Sie aber dabei konsequent am Ball.

〰 Die Entführung der Hansa Stavanger

Der Zweite Offizier Frederik Euskirchen der Hansa Stavanger, die sich 2009 drei Monate lang in der Hand somalischer Piraten befand, schrieb einen Erlebnisbericht über die Ereignisse an Bord. Er beschreibt, wie schwierig es für die Mannschaft war, Piraten so rechtzeitig wahrzunehmen, um noch reagieren zu können. Die kleinen Skiffs der Piraten, 60 km/h schnelle, leichte Segeljollen, waren mit dem Radar kaum auszumachen. Es bedurfte besonderer Aufmerksamkeit und einiger Übung, um die kleinen „Moskitos" zumindest manchmal rechtzeitig zu bemerken.

Strategie der großen Schiffe war stets, den Piraten auszuweichen. Auf einen Kampf hätte man sich nicht eingelassen. Die Begebenheiten der Entführung der Hansa Stavanger gelangten zu einiger Bekanntheit. Und das Vorgehen der Piraten und die Reaktionen der Betroffenen legen offen, dass sich die Strategie in der Piraterie bis zum heutigen Tag nicht geändert hat. Unter dem Radar zu bleiben ist immer noch das Mittel der Wahl für Piraten.

Die Bedrohten dagegen suchen das Weite oder kapitulieren. Solange das Piratenphänomen nicht zu prominent wird, richten auch die auf See angegriffenen Staaten keine durchschlagenden Abwehrstrategien ein. Im Verhältnis zum Ertrag wären die nämlich zu teuer. Dieses Verhältnis änderte sich in den Jahren um die Entführung der Stavanger. 2013 registrierte man bereits 174 gekaperte Schiffe, 28 Schiffsentführungen und ebenso viele Angriffe mit Schusswaffen auf die Ozeanriesen. Im selben Jahr entwickelte das Fraunhofer-Institut eine neue Technologie, die mittlerweile in der Lage ist, auch kleine Boote schnell und zuverlässig zu orten.

Ein legaler Markt, dessen Aktivitäten für die meisten von uns unterm Schirm ablaufen, ist das Headhunting. Es handelt sich um die Rekrutierung von Mitarbeitern durch Abwerben mittels professioneller Personalberater. Man arbeitet hinter den Kulissen, der Laie kann kaum Einblick erhalten. So wird ein Headhunter, der sich Zugang zu einem Kandidaten verschaffen will, kaum am Empfang oder bei der Sekretärin seine Intentionen preisgeben. Er wird unsichtbar bleiben, bis der Coup unter Dach und Fach ist. Die

Headhunter ergreifen keine Partei außer ihre eigene. 2016 wurden in diesem verborgenen Markt in Deutschland 1,8 Milliarden Euro umgesetzt. Laut der Marktstudie *Headhunting in Deutschland* (Petry 2015) berichten 61 % der Teilnehmer dieser Studie von gelegentlich unseriösen Headhuntern. Dass über eine solche Vielzahl von Unseriositäten berichtet wird und trotzdem ein Markt dieser Größe entstehen kann, lässt sich nur durch das verborgene, die Kenner sagen beschönigend, das diskrete Vorgehen erklären.

Die Dimension der Vorhaben, die Sie planen, sollte sich in einem eher kleinen Rahmen bewegen, sodass Sie erst gar nicht den Widerspruch Ihrer Umwelt erregen. Piratische Aktivitäten sind im Regelfall zu klein, um im Geschichtsbuch oder den Wirtschaftsnachrichten aufzutauchen. Die Gesamtheit dieser Aktionen allerdings wird Sie erfolgreich machen und dorthin bringen, wohin Sie wollen.

∿ Wenn eine Schwelle überschritten wird

Historische Piraten wurden immer dann bekämpft, wenn sie sichtbar wurden oder fühlbaren Schaden anrichteten. Bereits seit der Antike kannte man Piraterie. Sie war eine unbequeme und stets beklagte Begleiterscheinung des Seehandels. Sie musste geduldet werden, Aufwand und Nutzen, um sie ernsthaft zu bekämpfen, standen nie in einem vernünftigen Verhältnis. Erst als die Zahl der Übergriffe im östlichen Mittelmeer zu groß wurde und die Getreideversorgung des Römischen Reiches gefährdete, reagierte man entschlossen.

Es wurde unter dem Feldherrn Pompeius die größte Armee zusammengestellt, die Rom bis dahin gesehen hatte. Dazu wurde ihm unbegrenzt Kredit gewährt. Eine Machtfülle, die die römischen Senatoren stets zu vermeiden gesucht hatten, wurde für eine Erscheinung aufgewendet, die sich zu weit herausgewagt hatte. Nach nur wenigen Monaten hatte Pompeius das östliche Mittelmeer nicht dauerhaft, aber doch zufriedenstellend von Piraten befreit.

Pompeius hatte keinen eindeutig geführten Gegenspieler mit klaren Strukturen, sondern lediglich ein Phänomen, auf das viele setzten und von dem sie sich Reichtum versprachen. Erst das Überschreiten einer Reizschwelle führte für die Piraten zu ernsthaften Gegenmaßnahmen.

 Achten Sie darauf, auf welches Pferd Sie gerade setzen. Wenn es bereits ein Trend ist, sind Sie vielleicht zu spät dran. Die Gegenmaßnahmen sind schon getroffen, die Konkurrenz steht schon längst in den Startlöchern.

Sir Francis Drake erkundete zwei Jahre lang die Inselwelt der Karibik. Er segelte als Kaufmann getarnt, um sich auf seine kommenden Beutezüge vorzubereiten (Bohn 2007). So nutzte er den Vorteil der Unsichtbarkeit. Solange Sie sich nicht in Ihrem Ruhm sonnen wollen, solange Sie den Erfolg wollen, nicht die Aureole des schönen Scheins, sind die Piratenprinzipien die richtigen.

Moderne Piraten nutzen Messebesuche, sie tarnen sich als Käufer und hören sich so unsichtbar bei der Konkurrenz um. Sonst allerdings weiß man wenig über getarnte, unsichtbare Aktionen, allerdings liegt das ja in der Natur der Sache.

 **Kaperregel: Die Nebelbank ist Ihr Freund**

- Keiner sieht etwas, derjenige fährt am besten, der sich damit arrangiert.
- Ihr Ziel steht auf der Karte, nicht auf der Flagge.

Es ist sinnvoll, vor dem Wettbewerb eher unsichtbar zu sein. Der Privatpirat wird auch bei der Steuer nicht prominent auftreten. Gepflegtes Understatement nimmt ihn bei vielen Gelegenheiten aus der Schusslinie. Keine Sorge, auch so werden Ihnen die Gegner nicht ausgehen. Aber diesmal entscheiden Sie, welcher Kampf gekämpft wird. Die mit der großen Flotte werden mehr Bewunderer haben. Das heißt, vor ihrem Fall. Im Geschichtsbuch folgt gleich auf der nächsten Seite die Erzählung vom Untergang der großen Helden.

Als Privatpirat bestimmen Sie Ihre Projekte selbst. Damit gehen Sie nicht hausieren, Kollegen und Konkurrenten müssen nicht einschätzen können, was man gerade tut und wie man seinen Schwerpunkt setzt. Lassen Sie sich nicht einreden, dass jemand anderer den Überblick über all Ihre Projekte und Aktivitäten haben muss. Er will Sie nur kontrollieren.

Sie selbst allerdings wissen dafür umso klarer, welches Ihr Projekt ist. Darüber hinaus ist es ratsam, dass keiner einen Überblick über Ihre gesamten Aktivitäten hat. Nur ein Narr bezieht klar Stellung und lässt sich festlegen. Wenn man von Ihnen erwartet, dass Sie ständig erreichbar sind, sind Sie nicht etwa wichtig, sondern gehören zum Personal. Ihren Wert erkennt man ohnehin am besten, wenn Sie sich rarmachen.

 Es gilt, die Waage zu halten: Rar sein bedeutet nicht untertauchen.

Die Kehrseite der Medaille kennen Hidden Champions, Unternehmen, die oft Weltmarktführer ihres Bereichs sind, dennoch aber eher leise von ihrer Stellung profitieren. Der

Vorteil ist, dass diese Firmen als Lieferanten eine Nische so prominent abdecken, dass sie keine Konkurrenz fürchten müssen. Der Markt stößt erst auf sie, wenn dieses eine, spezielle Problem auftaucht: Eine bestimmte Dichtung, ein bestimmtes Scharnier, eine bestimmte Legierung – und genau ein Unternehmen weltweit, das das in dieser Qualität liefert. Nun ja, Qualität hat ihren Preis, den man gerne zahlt, wenn das Problem dadurch gelöst wird. Es scheint eine hervorragende Marktposition zu sein. Der Nachteil liegt am Ende darin, dass selbst die ganz Großen der Hidden Champions es schwer haben, den hoch qualifizierten Nachwuchs anzuwerben, weil sie hierfür einfach nicht prominent genug sind. Die besten ihres Jahrgangs gehen zu Apple, Microsoft oder BMW – zu den Firmen, deren Platz in den Geschichtsbüchern schon sicher ist.

Essenz

- Der Cocktail der Unberechenbarkeit: unsichtbar, frech, anders.
- Unsichtbar:
  - getarnt und verdeckt,
  - unter der Reizschwelle,
  - nicht zu durchschauen, gerade immer woanders aktiv.
- Unberechenbar bedeutet nicht unzuverlässig, sondern nicht ausrechenbar.

Frechheit siegt

 Amateure sind nett und freundlich. Sie trauen sich nicht, anders zu sein. Unverfrorenheit im richtigen Augenblick erregt Aufmerksamkeit und ringt anderen Respekt ab.

Profis erkennen die Autorität der Norm nicht an. Piraten fragen nicht um Erlaubnis, notfalls müssen sie sich entschuldigen. Sie rechtfertigen sich nie, manchmal erklären sie es. Frech heißt aber nicht unhöflich: Piraten sind keine Rüpel.

Kühnheit, also Mut, bedeutet für den modernen Piraten zunächst, dass er sich Dinge traut und Verhaltensweisen herausnimmt, die die meisten anderen scheuen würden. Manche Menschen und viele Unternehmen leben ein defensives Leben. Sie sind Bewahrer und Konsolidierer. Was sie erreicht haben, wollen sie behalten, erhalten und im innovativsten Fall noch verbessern. Aber können Sie sich vorstellen, in einer so wandelbaren Welt wie heute mit einer Defensivstrategie zu bestehen? Nein. Mit Schiffen lässt sich nämlich keine Wagenburg bauen. Ein Pirat ist kein Bewahrer alter und überholter Strukturen, Wahrheiten oder Verhaltensweisen. Der Pirat stellt die Dinge infrage. Das mag schmerzlich sein (für die Infragegestellten), aber wenn der Pirat damit durchkommt, ist der Verlierer bereits angezählt. Altehrwürdige Monopole sind so gefallen. Defensivstrategien sind innovationsfeindlich. In einer sich verändernden Welt lohnt es sich nicht, alle Kraft in das Bewahren zu stecken anstatt in die Veränderung, die Anpassung an den Wandel der Welt. Marktführer haben ihre Stellung nicht durch Abschottung gehalten, sondern sie erreichten und hielten ihre Marktführerschaft durch Innovation.

Die Pflege von Bewährtem ist eine Dreingabe,
nicht die Basis des Geschäfts.

Um in eine gut geölte Maschinerie einzugreifen, braucht es
Kühnheit. Wenn ein Fehler passiert, sinkt der große Titan
schneller, als man meinen möchte. Aber ohne den Mut, in
See zu stechen, wären die Piraten und Seeleute nie an
neuen Ufern gelandet. Demgegenüber braucht es heute
eine lächerlich geringe Dosis des Muts, den man damals
brauchte, um Veränderungen in einer Organisation oder im
Prozess herbeizuführen oder zu unterstützen. Schließlich
steht das eigene Leben nicht mehr zur Disposition.

Dass die Mutigen und die Innovativen erfolgreicher sind,
zeigt auch eine Studie der Cass Business School in London.
Über 20 Jahre haben die Forscher das unternehmerische
Fressverhalten von 25 000 globalen und börsennotierten
Unternehmen unter die Lupe genommen. Die Erfolgreichen
sind die, die sich nicht immer an die Regeln halten.

Der überwiegende Teil der Regeln ist nicht in Stein gemei-
ßelt. Regeln werden durch die Gesellschaft, die Gruppe, die
Familie festgelegt. Sie geben Orientierung und Sicherheit.
Wir befolgen sie, weil uns das entlastet: Wir müssen nicht
ständig darüber nachdenken, wie wir uns nun verhalten
wollen. Dafür gibt es die vielen ungeschriebenen sozialen
Regeln. So bewegen wir uns unsanktioniert durch unseren
Alltag. Und mit der Zeit wachsen uns die Regeln auf den
Leib. Wir hinterfragen sie nicht mehr. Nicht etwa, weil wir
arme Opfer der Gesellschaft sind, sondern weil uns dieses
Verhalten das „mit dem Strom schwimmen" leicht macht.
So kommen wir durch. Allerdings kommen wir nicht dort-
hin, wo wir vielleicht sein wollen.

Dazu gehört schon ein wenig mehr. Ein Außenstehender denkt über den Piraten, der das Meeting schwänzt: „Der hat doch wirklich die Frechheit, zu diesem Meeting nicht aufzutauchen! Und wir anderen müssen diese wertvolle Zeit, die wir mit der richtigen Arbeit verbringen könnten, hier absitzen mit dem langweiligen Kram. Als ob wir nicht auch was Sinnvolleres zu tun hätten!"

Wer so denkt, ist kein Pirat. Er handelt nicht mehr selbstbestimmt im Sinne seiner Sache. Und er wird versuchen, das Verhalten des Piraten zu sanktionieren, anstatt den Sinn des Meetings infrage zu stellen. Warum? Es ist viel bequemer so. Und es wird keine bösen Konsequenzen nach sich ziehen.

Was der Kollege als Frechheit einschätzen wird, ist in Wahrheit der kontrollierte Bruch einer Konvention im Dienste Ihrer Sache.

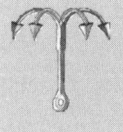

Nur wenn Sie bei der Sache bleiben, nicht bei der Konvention, werden Sie erfolgreich sein. Denn nur dann segeln Sie auch in Richtung Ihres Ziels, nicht einfach dort entlang, wo der Wind günstig steht.

Johann Wolfgang von Goethe wird der Satz zugeschrieben: „Kühnheit besitzt Genie, Macht und magische Kraft." Aber in Wahrheit ist es einfacher: Es ist nichts Magisches daran, Konventionen zu verletzen, weil sie der Sache im Weg stehen. Allerdings ist es eines der anstrengendsten Dinge, die man machen kann, wenn man Kühnheit nicht als Mittel einsetzt, sein Image zu gestalten, sondern als Mittel zum Zweck im Dienste der eigenen Sache. Dann nämlich bedeutet es, dass man die Vorteile des angenehmen Gleitens im Rahmen der sicheren gesellschaftlichen Regeln ständig hinterfragen muss. Man muss sich bewusst werden, dass die überwiegende Zahl der Regeln schon lange nicht mehr hinterfragt wurde. Und man muss sich bewusst werden, dass das Hinterfragen und Brechen dieser Regeln im besten Fall als einfache Frechheit ausgelegt werden wird.

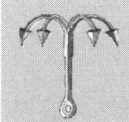

Kaperregel: Aus Schiffen kann man keine Wagenburg bauen

- Keine Defensivstrategie.
- Fragen Sie nicht um Erlaubnis.
- Nie rechtfertigen, notfalls entschuldigen.

Die Frechheit des Piraten ist kein Selbstzweck. Es geht (in der Regel) nicht um seinen Ruf, er ist kein Rüpel, der andere nur so zum Spaß vor den Kopf stößt. Regeln brechen heißt, sie zu kennen und durch den Bruch die eigenen Ziele besser verfolgen zu können.

Frechheit siegt und Kühnheit besitzt Magie. Fragen Sie nicht um Erlaubnis, rechtfertigen Sie sich nicht. Denn eine der ungeschriebenen Regeln ist, dass Sie sonst unerwünschte Statussignale senden. Wen Sie um Erlaubnis fragen, der glaubt, er hätte Ihnen etwas zu sagen – und das ist so, ganz gleich, ob er der Hausmeister ist und Sie der Vorstandsvorsitzende oder umgekehrt. Sie erkennen die Autorität des Gefragten allein durch die Frage an.

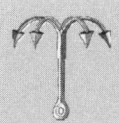

Wenn Sie sich rechtfertigen, glaubt Ihr Gegenüber, es sei im Recht. Die Rechtfertigung ist die Anerkennung der Norm. Nie rechtfertigen, höchstens erklären!

Diese Strategien bringen Sie häufiger in Schwierigkeiten als jemanden, der immer nach den Regeln spielt. Aber sie bringen Sie auch ein Stückchen weiter, Sie verlassen sozusagen die heimischen Gewässer. Wenn Sie dabei einmal zu weit gegangen sind, seien Sie sich nicht zu fein, sich zu entschuldigen. „Entschuldigung" ist das „Sesam öffne dich", das verschlossene Eingänge im Felsgestein wieder auftut, das wusste ja schon Ali Baba.

∿ Jack Ma

Alibaba nennt sich auch die chinesische B2B-Onlineplatt-form. Dort werden in China gefertigte, gefälschte Marken-produkte gehandelt. Alibaba-Chef Jack Ma sagt dazu, er unterstütze die Produktpiraterie nicht, im Gegenteil, sie sei seinem eigenen Geschäft abträglich. Aber dennoch sei das Problem eines, das die Markenproduzenten hausgemacht hätten. Die Produktionsmaschinen, die bereits auf die Pro-duktion der Markenprodukte eingerichtet seien, produzier-ten zwischendrin für andere Auftraggeber genau dieselbe Ware, wie sie der Markenproduzent bestellt habe. Nur dies-mal verkaufte man die Ware auf eigene Rechnung, viel günstiger und trotzdem mit mehr Profit (Schürmann 2016).

Die Botschaft brachte die Kundschaft letztlich schwer in Bedrängnis. Jack Ma brach mit der ungeschriebenen Regel, Zerknirschung ob der Produktpiraterie zu äußern. Statt-dessen sprach er aus, wenn auch einigermaßen sturmsi-cher eingebettet, was die Konvention des Markenprodukts an sich infrage stellt. Was ist ein Markenprodukt, wenn man es eins zu eins nachmachen kann und für die Hälfte verkaufen? Nun, das ist ein Markt, dessen Monopol ange-griffen wird. Altbekannte Gewissheiten werden infrage ge-stellt, schnelle und wenige Piraten stoßen in die Lücke, die jedes Monopol einmal schafft: den Bereich der Wertschöp-fung, der aufgrund des Monopols den Preis vom Nutzen ab-koppelt und den Konsumenten dafür bezahlen lässt. So funktioniert der Markt. Unverfroren ist allerdings, es so auszusprechen. Den meisten werden die Äußerungen Mas aber Respekt abringen.

Es ist gefährlich, am Thema Moral zu rütteln. Die Regeln, die Gesellschaften sich gegeben haben, dienen oft dazu, etwas zu befrieden, eine Regelung zu treffen, die unantastbar ist und akzeptiert wird. Manchmal verblasst der Sinn von Regeln mit der Zeit, die Regel aber bleibt.

♒ Katzen anbinden

Eine Geschichte des Theologen F. X. D'Sa zeigt plakativ, was gemeint ist:

Ein Guru hielt jeden Abend eine Meditation ab. Als bei einer solchen Meditation einmal die Katze in den Raum kam und störte, ordnete der Guru an, die Katze solle vor der Meditation angebunden werden, was ab da zuverlässig geschah. Der Guru starb, die Katze wurde weiter draußen angebunden. Die Katze starb und nun wurde eine neue Katze zur Abendmeditation vor der Türe angebunden. Dekaden vergingen, und die Theologen schrieben Abhandlungen über die Notwendigkeit, eine Katze während der Abendmeditation anzubinden. Schließlich verging auch der Brauch der Abendmeditation. Aber die Katze wird bis heute vor der Tür angebunden.

Ein moderner Pirat erkennt Regeln nicht zwangsläufig an. Er erkennt solche Regeln, hinterfragt sie und fragt, ob sie einen Nutzen haben. Zu oft haben sie keinen, sondern beginnen bereits, zu schaden. Dem Piraten wird das auffallen. Und er wird Regeln, die ihn behindern und ausbremsen, nicht zwangsläufig anerkennen.

Historische Piraten überschritten gesellschaftliche Regeln in eklatantem Maß, sie setzten sich über Eigentumsrechte hinweg, über Seerecht, über Autoritäten. Im schlimmsten Fall setzten sie sich auch über das Recht auf Leben anderer hinweg (nicht jedoch, ohne das eigene Leben in die Waagschale zu werfen).

Es wäre zynisch, zu sagen, dass das Recht auf Leben in der heutigen Zeit in unserer westlichen Welt von den allgemeinen Regeln immer sicher geschützt wäre. Habgier kostet immer noch Leben. Auch wenn wir es nicht gerne sehen, das Recht auf Selbstbestimmung, das Recht auf Zusammensein mit der Familie, all das steht etwa in vielen der chinesischen Fertigungen infrage, die unsere Markenware produzieren. Meist befassen wir uns nicht damit. Es gehört zur gesellschaftlichen Konvention, dass es eine Grenze zwischen „denen" und „uns" gibt und dass unsere Regeln nicht immer für jeden gelten. Und trotzdem sind die Regeln, von denen wir Ausnahmen machen, gute Regeln. Sie sind hilfreich und befrieden unsere Gesellschaft in weiten Teilen.

Ein Pirat soll sich also nicht zwangsläufig der landläufigen Moral beugen? Er soll nicht um Erlaubnis fragen, soll Regeln brechen? Das scheint anrüchig zu sein. Und ist es doch nicht. Piraten haben schon immer für ihre Ziele mehr gewagt. Auch heute, und hier müssen sie mehr leisten als andere, die in der Mitte des Stroms treiben. Sie müssen selbst entscheiden, und sie haben keine Entschuldigungen vor sich selbst. Sie sind selbst verantwortlich. Diese Verantwortungsübernahme war schon immer das Kennzeichen der Anführer und zugleich ihre Achillesferse.

Ein Anführer, der die Regeln bricht und neu schreibt, kann ein Held sein, ein Befreier – oder ein Diktator. Was er daraus macht, ist ihm überlassen. Dass dies ein gefährlicher Scheideweg für das eigene Leben und vielleicht auch das von anderen ist, bleibt unbenommen.

Verantwortung und Freiheit waren noch nie einfach oder ungefährlich. Piraterie auch nicht.

Essenz

- Kühnheit besitzt Magie.
- Wer um Erlaubnis fragt, erkennt die Autorität (des anderen) an.
- Wer rechtfertigt, erkennt die Norm (der Gesellschaft) an.
- Wenn Sie Leidenschaft mitbringen, haben Sie die Erlaubnis in der Tasche.

Die Navigation der Kompetenzen

Erfolgreich zu sein heißt, anders zu sein als andere. Die einzigartige Kombination und Pflege seiner Fähigkeiten, seines Wissens und seiner Kontakte machen den Piraten zu etwas anderem, Außergewöhnlichem. Das persönliche Portfolio seiner Kompetenzen ist sein unvergleichliches Alleinstellungsmerkmal.

Sich von der Masse abheben, einzigartig sein, Neues schaffen – das wollen viele. Wenn man andere Ergebnisse liefern möchte als der Wettbewerb, muss man auch etwas anders machen. Erst wenn Ihr Produkt oder Ihre Dienstleistung so anders, so einzigartig ist und nicht mehr mit der Konkurrenz vergleichbar, dann gestalten Sie den Preis.

Denn Vergleichbarkeit von Produkten und Dienstleistungen erhöhen den Wettbewerb und senken den Preis. Um die Gewinnspanne zu erhöhen, sollte Ihr Produkt oder Ihre Dienstleistung ein Unikat sein.

Der Gedanke gilt allerdings nicht nur für Ihr Produkt. Auch Sie selbst brauchen Alleinstellungsmerkmale (USP), die es Ihnen ermöglichen, darzustellen, was Sie einzigartig und unverwechselbar macht. So bestimmen Sie die Nachfrage viel gezielter.

Menschen um einen herum nehmen gerne das Angebot an, einem ein Alleinstellungsmerkmal zuzugestehen. Selbst schlichte äußerliche Merkmale werden zum Markenzeichen gemacht – Theo Waigels Augenbrauen zum Beispiel. Aber um Sie geschäftlich zum Unikat zu machen, brauchen Sie etwas, das Ihren Kunden mehr Information gibt. Etwas, das Sie einzigartig macht und zu genau dem Richtigen für den Job.

Es wird keine Fähigkeit geben, die nur Sie alleine beherrschen – es sei denn, Sie können durch Wände gehen. Einzigartig macht Sie deshalb die Kombination Ihrer möglicherweise seltenen Kompetenzen. So entwickelt sich ein strategisches System aus Fähigkeiten.

> *„Competitive strategy is about being different. It means deliberately choosing a different set of activities to deliver a unique mix of values."*
>
> *Michael E. Porter (1996)*

Der moderne Pirat kennt, pflegt und verbindet seine Kompetenzen zu einem strategischen System. Für sich alleine genommen sind Ihre Fähigkeiten in der Regel nicht einzigartig. In Verbindung miteinander gestalten Sie einen Mehrwert, der Ihr Alleinstellungsmerkmal ist.

Für Anhänger der feinen Küche erschließt sich die Idee vielleicht wie folgt. In einer gut ausgestatteten Hobbyküche gibt es einen Herd, der die Temperatur hält, außerdem eine Springform, bestes frisches Mehl, Eier, Butter, Zucker und noch einiges mehr. Diese Zutaten sind für sich genommen dennoch recht gewöhnlich. Es sind am Ende eben Mehl, Butter, Zucker und Eier. Erst wenn daraus mit einer Prise Salz und Rosinen ein Teig entsteht, der schließlich, richtig behandelt, im Ofen zu einem ausgewachsenen Rosinenkuchen wird und das Haus mit seinem einzigartigen Duft erfüllt, dann erst werden die einzelnen Zutaten zu etwas Besonderem. In ihrer Gesamtheit, in ihrer Verbindung miteinander, entsteht etwas Neues. Und was genau da entsteht, ob zum Beispiel Zwiebel-Speck-Kuchen oder eben süßer Rosinenkuchen, entscheidet der Koch, indem er Teile seiner Zutaten weglässt oder dazugibt.

Das Beispiel zeichnet ein Bild, wie moderne Piraten ihren eigenen und einzigartigen Mix von Kompetenzen verwalten können.

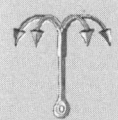

Kompetenzen Management

- Erstellen Sie eine Matrix Ihrer Kompetenzen.
- Verbinden Sie Ihre Kompetenzen.
- Kreieren Sie daraus ein strategisches System der Kompetenzen.
- Unter dem Schirm: Die Verbindung der Kompetenzen kennen nur Sie. Je nach Ziel betonen Sie die benötigte Kombination.
- Sie verkaufen Ihr Alleinstellungsmerkmal zu Ihrem Vorteil und zum Vorteil Ihres Kunden.

Wenn Sie Ihr strategisches System vor sich sehen, erkennen Sie die Einzigartigkeit, die in der Kombination Ihrer Fähigkeiten steckt. Und das Ansinnen, jeder Mensch müsse Alleinstellungsmerkmale entwickeln, wird als Mythos entlarvt. Individualität scheint als Leistung gesehen zu werden, Einmaligkeit als Verdienst, und so versuchen manche verzweifelt, sich abzuheben, oder sie suchen nach einem eindeutigen Unterschied zwischen sich und anderen. Manchmal geht es dabei um mehr als das nächste Jobinterview. Was macht mich aus? Was macht mich einzigartig?

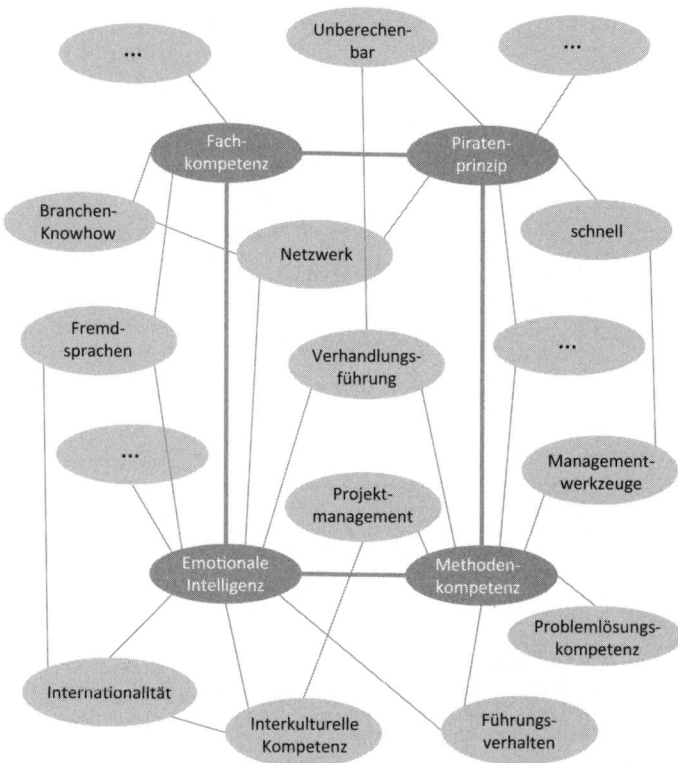

Beispiel für ein strategisches System

Was Ihr Können betrifft, gibt es da eine einfache Antwort. Sie sind einzigartig, weil Sie Ihre Kompetenzen zu einem strategischen System verbinden. Und Sie machen diesen Umstand zu Ihrem Erfolg, weil Sie die Verbindungen kennen, auswählen und bewusst nutzen.

 **Essenz**

Die Mischung der Fähigkeiten ist das Alleinstellungsmerkmal.

Hintergrundinfo: Warum gerade jetzt?

Zeit des Umbruchs

Das Internet, der moderne Flugverkehr und die weltweite Verteilung der Wertschöpfung sind die zweite große Welle der Globalisierung. Die Begleitumstände der Umwälzungen sind vergleichbar mit der ersten: Vieles ist in Bewegung, nicht strukturiert und unsicher. In manchen Gebieten der Welt herrschte damals – wie heute zum Beispiel in einigen Bereichen des Internets – Anarchie. Damals wie heute sind das ideale Rahmenbedingungen für Piraten, also Menschen, die den rechtsfreien Raum nutzen, um ein cleveres Geschäftsmodell aufzubauen.

Die Entdeckung der „restlichen" Welt durch die Europäer war ein großer Globalisierungsschritt. In dieser Zeit herrschte auf den Meeren und den Märkten Gesetzlosigkeit – und gab es Gesetze, konnten die nicht durchgesetzt werden. Das war das goldene Zeitalter der Piraterie. Dort, wo die Landkarte noch weiß war, war das Eldorado der Entdecker. Piraten segelten in Ihrem Windschatten und profitierten von dem neuen Reichtum und von der Gesetzlosigkeit, die jedem Anfang innewohnt.

Piraten nutzen die Zeit, bevor die Regelmacher, die Philosophen und Herrscher, und nach ihnen die Bürokraten, die Verwalter und Erhalter, kommen.

Mit der Verbreitung des Internets war klar, dass da die große Freiheit in einer kleinen Kiste steckt. Diesmal die große Freiheit für alle, radikal demokratischer geht es nicht. Es war klar, dass dort der ganz große Profit zu holen sein würde, dass Prozesse und Kommunikation beschleunigt würden, dass das Internet eine Revolution auslösen würde. Was genau aber passieren würde, das konnte noch niemand sagen. Allen war klar, dass das Probleme mit sich bringen würde. Ein Moment allgemeiner Erkenntnis einer weißen Stelle auf der Landkarte. Und wieder wurden von diesem Ort die Gewissheiten der Welt angegriffen. Fake News und Leaks kann jetzt jeder einfach ins Netz stellen. Das etablierte Informationswesen, der Journalismus, wird von Twitter ausgehebelt. Die Mittlerrolle verkommt zum Hase-und-Igel-Spiel. Mit großen Augen verfolgt man diese Entwicklungen, bis deutlich wird, wie ungeheuerlich groß die weißen Flecken auf der Karte sind, wie groß die Gebiete sind, die wir noch nicht neu kartiert haben.

In vielen Bereichen stehen wir am Anfang, das heißt Regel- und zum Teil Gesetzlosigkeit.

Als die ersten Start-ups in der New Economy aufkamen, haben konservative Wirtschaftslenker die Versuche, die Arbeitskultur und Unternehmensstrukturen zu verändern, belächelt. Die Nerds und hippen jungen Vertreter der New Economy kamen mit so banalen Ideen wie einem Tischkicker in den Sozialräumen. Als die Blase platzte, sahen viele sich bestätigt: Neues wagen, das auf den ersten Blick nicht zielgerichtet war, das war zum Scheitern verurteilt, unnötiger Humbug. Warum die funktionierenden Strukturen infrage stellen? Die jungen Wilden, die übrig waren, sollten sich den alten Strukturen anpassen.

Mit demselben Befremden wurde lange über Milliardenprojekte im Silicon Valley gelächelt. Auch da: Nerds mit Flausen im Kopf und zu viel Geld. Der Skepsis der Status-quo-Erhalter zum Trotz verdient Google Milliarden mit den Ideen, die in der „20% time" entstanden sind: Hoch qualifizierte Mitarbeiter hatten jeden fünften Tag „frei", um sich um eigene Herzensprojekte zu kümmern. Google Maps ist so entstanden, Gmail oder AdSense, das 2013 etwa 25 % des Konzernumsatzes ausmachte.

Google, heute selbst das Flaggschiff und ein mit faktischem Monopol ausgestatteter Riese, scheint erstaunlicherweise an seinen eigenen Prinzipien zu zweifeln. Die Innovationszeit als feste Institution gibt es heute nicht mehr.

Die aktuelle Entwicklung der Welt, wie sie jetzt nur in einigen Beispielen dargestellt worden ist, ist die zweite Globalisierung, der zweite große Sprung nach der Entdeckung der Seewege nach Asien und Amerika. Die Welt wird erneut „kleiner": Flugzeuge verkürzen die Zeit von einem Ort zum anderen, Telefon, Handy und WhatsApp verbinden Weitentfernte zeitunabhängig miteinander. Die Wertschöpfung ist global geworden, auch deswegen erscheint China heute nicht mehr so weit weg. Je näher wir kommen, je mehr wir von der Welt wissen, desto leichter erkennen wir, dass unsere Karten falsch sein könnten.

Die aktuelle Entwicklung der Welt ist die zweite Globalisierung nach der ersten, welche mit der Entdeckung Amerikas und der Seewege nach Asien begann.

Bisher haben Sie die raue See vielleicht noch nicht wahrgenommen. Der Alltag in den Firmen ist weiter strukturiert, das Vorgehen führt zum Erfolg. Sichere, effiziente Abläufe bringen gute Geschäfte. Viele Firmen weltweit arbeiten erfolgreich und passen sich neuen Gegebenheiten bestenfalls in Randbereichen an. Weil sie sich nicht anpassen müssen.

Alle diese Entwicklungen haben Auswirkungen auf die Wirtschaft, auf einzelne Firmen und am Ende auf uns alle. Gleichzeitig bieten sich neue, fantastische Möglichkeiten, die es zu erkennen gilt.

Das Bild der Piraten kann helfen, in der neuen Welt zu navigieren.

Literatur

Bohn, R.: *Die Piraten*. C. H.Beck, München 2007.

Neuerer, D.: „Somalische Piraten sind kluge Geschäftsleute – Interview mit Dr. Anja Shortland". *Handelsblatt.com* 05.08.2011.

Petry, T.: *Headhunting in Deutschland. Studie im Auftrag des Bundesverbandes der Personalmanager (BPM)*. Bundesverband der Personalmanager (BPM), Berlin 2015.

Porter, M.: „What is Strategy?". *Harvard Business Review* November-Dezember 1996.

Schürmann, L.: „Wirbel um Produktpiraterie bei Alibaba – Für Jack Ma sind Fälschungen aus China besser als die Originale". *Manager-magazin.de* 15.06.2016.

Steinberger, P.: „Eine Hand wäscht keine andere – Geschichte der Piraterie". *Sueddeutsche.de* 17.05.2010.

6 Piratenprinzip „radikal" – ein bisschen entern geht nicht

Mittelmaß ist unsexy, wenig attraktiv, langweilig. Piraten denken und handeln konsequenter, sie sind alles andere als Mittelmaß. Die Folgen für die Gesellschaft der Durchschnittlichen und Mittelmäßigen können radikal sein, der Eindruck, den Piraten auf andere hinterlassen, ist mitunter rücksichtslos.

Geradlinig und konsequent

 Der Pirat ist ein Radikaler, und diese Eigenschaft in einer modernen Welt einzufordern klingt im ersten Moment irgendwie zu radikal. Dabei bedeutet „Radix" einfach „Wurzel". Es wird die Basis gesucht, also das, wovon ausgegangen wird.

Dem Privatpiraten geht es darum, zur Wurzel der Dinge vorzudringen, zum Grundsätzlichen. Radikalität bedeutet Geradlinigkeit und konsequentes Denken. So verstandene Radikalität ist auffallend, weil selten. Sie macht Großes, nicht Mittelmäßiges.

Die historischen Seepiraten verbrachten manchmal Jahre auf dem Schiff. Dabei unterschied man nicht zwischen den Konzepten Freizeit und Arbeit. Das ist ein radikales, ein totales Verständnis von Arbeit. Freizeit und Freiheit gab es für die Seefahrer erst auf der Insel. Man muss diese Situation, in der alles eingesetzt wird, als Chance verstehen. Die Möglichkeit, mit auf große Fahrt zu gehen, brachte die Möglichkeit, am großen Gewinn beteiligt zu werden. Nur mit dem großen Coup wurden Piraten zu freien Männern. Erst die finanzielle Grundlage konnte in diesen Tagen, in denen es noch keinen Arbeitsschutz gab, ein freies Leben ermöglichen. Deshalb war die Radikalität, die am Ende „Freiheit oder Tod" bedeutete, für manche Mittellose und Ehrgeizige ein lukratives Angebot. Wer mehr wagte, dabei sogar die Übertretung der gesellschaftlichen Regeln in Kauf nahm und sich so über alles, was ihn geprägt hatte, hinwegsetzte, der konnte sagenhaft gewinnen – oder sterben.

Das Eigenkapital des Piraten-Unternehmers war, so radikal das klingt, sein Leben.

Wer nichts hat, hat nichts zu verlieren, außer das eigene Leben. In dieser Situation werden Menschen einfach, konsequent und erwägen radikale Lösungen. Weil das Erfolg verspricht und oft die einzige Möglichkeit ist. Deshalb machen Piraten noch heute manchmal ihr „Startkapital" für das eigene Business außerhalb der bestehenden Ordnung. In Somalia, einem Land, in dem Piraterie aufgrund der Rahmenbedingungen lukrativ ist, kann man das beobachten. 80 % des internationalen Seehandels passieren den Golf von Aden vor Somalia. Pirat zu werden ist da eine rationale Entscheidung.

Konsequenz ohne Sentimentalität

Radikalität ist Konsequenz. Ralph Dommermuth, der Gründer von United Internet (1&1, web.de, GMX), hat sich ganz ohne Sentimentalitäten – und sofort – von allen Verlustbringern getrennt, als sein Unternehmen in raue Gewässer kam (Koenen 2007). Die Trennung von den Problembereichen erfolgte quasi über Nacht. Hintergrund war das Platzen der Internetblase zu Beginn des neuen Jahrtausends, das viele Shootingstars der New Economy untergehen ließ. Im Business sind es häufig Gründer, die sich in ihr Projekt verlieben und dann irrational handeln, wie Verliebte das eben zu tun pflegen. Einen glasklaren Blick auf das Business zu behalten ist für den Piraten das A und O. Es kostet viel Überwindung, radikal nach den Erfordernissen zu handeln. Aber wer als historischer Pirat nicht die Kanonen über Bord warf, um noch etwas schneller zu werden, wenn die Staatsmacht am Heck auftauchte, war verloren.

Die meisten Menschen tun sich schwer damit, Altes aufzugeben. Es erfordert einige Rücksichtslosigkeit gegen sich selbst. Der Pirat gibt entdeckte Rückzugsgebiete auf, er gibt seeuntüchtige Schiffe auf, und er gibt eine schlechte, übersättigte Crew auf. All das wäre Ballast. Seepiraten können sich diese Sentimentalitäten nicht leisten. Sie lassen leichter los, weil es so sehr auf der Hand liegt, dass ihr Leben und Wohlergehen davon abhängt.

Hernán Cortés, Eroberer im Auftrag der spanischen Krone im 16. Jahrhundert, hat bei seiner Landung in Amerika alle Schiffe zerstört. Sich selbst und seiner Crew hat er damit ein radikales Signal gesendet:

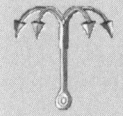 Es gibt kein Zurück. Glauben Sie an Ihre Sache. Konzentrieren Sie sich auf das, was vor Ihnen liegt. Scheitern ist keine Option.

Uns modernen Menschen in der komplexen Welt unserer Beziehungen und Unternehmungen fällt das radikale Loslassen schwerer. Wir sind nicht gewohnt, dass wir etwas hergeben müssen. Wir halten zu oft noch alles für ein Spiel und halten uns an unseren Glauben, dass schon alles gut gehen wird. Wären das Leben, das Business, die Beziehungen untereinander ein Ponyhof, würde das wohl öfter funktionieren. Aber so ist es nicht. Wenn sich etwas als Bremsklotz erweist, ist der bessere Weg, es aufzugeben. Die Option macht uns freier, im Vertrauen darauf, dass etwas Besseres kommen wird – oder wir etwas Besseres machen werden. Selbstvertrauen und der Mut, jederzeit in eine neue Richtung zu gehen, bringen einen zunächst an Land und dann zu neuen Ufern.

In Teams findet man immer wieder Bremser, Leute, die nicht mitkommen wollen und deshalb alle aufzuhalten versuchen. Wenn wir nur so stark sind wie das schwächste Glied in der Kette, können wir die ganz große Beute vergessen. Wenn man sich dafür entscheidet, jemand Schwachen mitzunehmen, geht das auf Kosten aller. Der Attraktivität der Crew für andere ist das nicht zuträglich. Im Zeitalter des Fachkräftemangels eine gewagte Entscheidung. Treffen Sie diese bewusst und nicht mit Begründungen wie „Er/sie gleicht unser Team an dieser und jener Stelle aus". Starke Teams schätzen es, wenn Sie sich von schwachen Mitgliedern trennen. Das wird als Führungsstärke ausgelegt.

In Beziehungen zu anderen Menschen ist der Pirat radikal, das heißt klar. In erster Linie bedeutet das, ehrlich und klar zu sich selbst zu sein. Nur so sind konsequente Beschlüsse glaubwürdig und kommunizierbar. Geradlinigkeit in Beziehungen bringt Vertrauen, denn man wird emotional berechenbar. Unberechenbarkeit in der Sache ist eine der großen Stärken des Piraten. Klarheit und Berechenbarkeit in Beziehungen eine weitere. Besonders im Business wird das deutlich: Emotionalität, komplizierte Beziehungen, persönliche Animositäten sind menschlich, aber dem Geschäft abträglich.

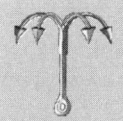 Seien Sie in Ihren Beziehungen gradlinig und berechenbar und in der Sache unberechenbar.

Dieselbe Klarheit ist auch bei Entscheidungen, Projekten und Geschäftsmodellen ein Vorteil. Ein radikal einfaches Geschäftsmodell verwendet zum Beispiel Vorwerk. Ein einmal bewährtes Produkt, kein Schnickschnack, geradeaus zum Ziel. Radikal ist die Beschränkung auf dieses eine Projekt, und es bedeutet auch, dass man von genau dieser Sache wirklich überzeugt sein muss. Dass das Projekt wirklich zu Ende gedacht sein muss. Alles, was wir tun, unterliegt immer auch einem Rest Unsicherheit. Wir geben also unser Bestes, wir denken die Sache zu Ende und zeigen dann Entschlossenheit und Klarheit in der Durchführung.

Dennoch kann man scheitern. Jeder Pirat bricht den Angriff ab, wenn er bemerkt, dass er sich verrechnet hat. Auch dies wird er konsequent tun. Aber in der Regel weiß der Pirat, worauf er sich einlässt, und zieht es durch.

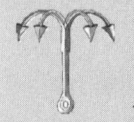 Wenn Sie merken, dass Sie falschliegen, seien Sie auch hier radikal und beenden Sie das Projekt besser gestern als morgen.

Radikale Technologien

Die Geschäftswelt ist seit jeher radikal. Disruptive Technologien zeigen, wie radikal und unsentimental der Markt ist. Disruptive Technologien sind Innovationen, die ein Produkt oder eine Dienstleistung fast völlig vom Markt verschwinden lassen, sie sozusagen ausradieren. Digitalkameras, Flachbildschirme oder das Automobil haben ihre Vorgängerprodukte schnell und gründlich vom Markt gefegt. Sie führen lediglich noch ein Schattendasein, wie beispielsweise die Pferdekutsche im Tourismus- oder Hobbybereich. Das Bessere ist der Feind des Guten und fegt es unter Umständen völlig hinweg. Können Sie sich vorstellen, was das für Ihr Produkt, für Ihre Dienstleistung bedeutet?

Für den Umgang mit disruptiven Technologien schlagen Bower und Christensen (2012) ein nahezu piratisches Vorgehen vor. Niedrige Gemeinkosten, also eine schlanke Aufstellung, sollen auch bei kleineren Aufträgen Energien erzeugen und Gewinne erzielen. „Schnelle, wenig kostspielige Ausflüge in noch schlecht definierte Märkte" müssen möglich sein. Dass sich das Ganze in erst entstehenden Märkten abspielt, in unstrukturierten und kaum geregelten Bereichen, liegt auf der Hand.

> *„Disruptors are just pirates on the high seas of capitalism."*
> *Daina Lawrence (2014)*

Radikale Entscheidungen sehen von außen oftmals gefährlich aus, zumeist sind sie es auch. Aber das höhere Ertragsversprechen ist auch das Versprechen, dass die Grundregeln der Businesswelt auch dieses Mal nicht außer Kraft gesetzt sind. Das Risiko des Piraten ist größer als das der schwäbischen Hausfrau, sein möglicher Gewinn aber auch.

Essenz

- Radikal bedeutet konsequent.
- Geben Sie Altes schneller und konsequenter auf als andere, lassen Sie nichts und niemanden zu Ballast werden.
- Seien Sie in Beziehungen klar und ehrlich, und das zuerst zu sich selbst.
- Mit einer schlanken Aufstellung werden Sie wendiger, so passen Sie sich disruptiven Entwicklungen radikal an.
- Manchmal ist das Leben das einzige Eigenkapital, das macht Piraten einfach, konsequent und radikal.

Frei denken

Piraten wollen nicht recht behalten, sie wollen die Beute behalten. Sie kämpfen nicht um die Ehre, aber sie kämpfen rücksichtslos. Ruf, Ehre und Moral gehören nicht in einen Topf, der Pirat entscheidet für sich bewusst über Moral und Außenwirkung.

Je konsequenter, ja radikaler wir vorgehen, desto gerader wird der Weg, desto weniger Umwege müssen wir machen, desto schneller erreichen wir unsere Ziele. Halten wir uns nicht auf mit emotionalem Eiertanz, der unsere und die Emotionen anderer mit der Sache vermischt oder nach einem sozial verträglichen Weg der Kommunikation sucht. Denn während wir noch suchen, hat der Pirat uns bereits überholt, statt sich mit langwieriger Überzeugungsarbeit aufzuhalten. Er hat nicht um Erlaubnis gefragt und nicht alle Befindlichkeiten erwogen – auch seine eigenen nicht! – er nahm Kurs und kam deshalb als Erster an.

Seepiraten wussten und wissen das. Sie haben während des Angriffs eine radikal hierarchische Organisation gewählt, bis in den Tod war den Anweisungen des Captains im Kampf Folge zu leisten. Die Einhaltung der Hierarchie war stark sanktioniert. Weil nicht alles ausdiskutiert werden musste, war überholen einfach. So geht es eben schneller, und Überzeugung ist nicht das Kriterium. Heute kann man diese Erfahrungen nutzen, um all den unnötigen Diskussionen aus dem Weg zu gehen. Aber Erfolg sollten Sie dann schon haben, denn nur so sind Sie auch nächstes Mal noch der Captain.

Zuerst denkt der Pirat ohne Scheuklappen zu Ende. Moral und Emotionen sind wichtig, aber sie sind getrennt von den Sachfragen zu bedenken. Zuerst durchdenken, danach kommen andere Kriterien wie Moral oder Gefühle.

So radikal der Gedanke hier scheint, er ist dennoch keine neue Erfindung. Die philosophische Richtung der Stoa hat bereits vor über 2000 Jahren entdeckt, dass Moral aus der Haltung erwächst, die ein Mensch einer Sache oder Tatsache entgegenbringt, nicht etwa aus der Sache selbst. Damit ist schon den alten Griechen klar gewesen, dass Moral eine Frage der gesellschaftlichen, wenn nicht gar persönlichen Bewertung der Dinge ist – in jedem Fall nichts Absolutes oder Allgemeingültiges.

Moral ist ein menschliches Konstrukt und veränderbar.

Der Pirat trägt Verantwortung für seine Entscheidungen, wie sie kaum radikaler sein kann. Wenn er sein Schiff steuert, zu welchem Ende auch immer – muss er die Konsequenzen seiner Entscheidungen mit seinem Leben tragen. Die Wirkung ihrer Entscheidungen erlebten die Seepiraten direkter als die heutigen Privatpiraten. Als Privatpirat können Sie mit Ihren Entscheidungen dafür sorgen, dass ein Projekt untergeht und die Crew baden. Allerdings gibt es dabei eher in seltenen Fällen Tote.

Die Radikalität, die hinter diesen Bedingungen steht, die Forderung an Ihre Fähigkeit, frei zu denken, ist heute eine andere. Das sollte den Privatpiraten aber nicht davon abhalten, ebenso viel Sorgfalt in seine Entscheidungen zu legen, als ob das Leben selbst der Einsatz wäre. Freies Denken, das Moral nicht als Kriterium ansieht, ist radikal aufklärerisch. Andererseits ist es gefährlich, weil es verlangt, dass an die Stelle der Moral die eigene Bewertung der Situation tritt. Trauen Sie sich das zu?

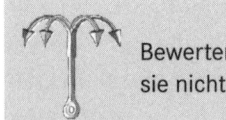 Bewerten Sie Situationen selbst, überlassen Sie sie nicht der Moral anderer.

Rücksichtslos und außerhalb gesellschaftlicher Moralvorstellungen

Radikal ist rücksichtslos. Rücksichtslosigkeit aber bricht ein gesellschaftliches Tabu. Schließlich sind Menschen Wesen in Gesellschaft, weswegen es Regeln zur Erhaltung eben dieser Gesellschaft gibt. Rücksichtslose werden normalerweise nicht unterstützt und ohne diese Unterstützung meinen wir, verloren zu sein.

Daynes und Fellowes (2012) schreiben über einen Menschenschlag, der mit Rücksichtslosigkeit dennoch erfolgreich ist. Es sind Menschen, die soziopathische, psychopathische oder narzisstische Züge haben. Typen, denen etwas fehlt, was die Mehrheit um sie herum besitzt: ein Gewissen und Angst vor sozialer Ächtung.

Es gibt auch andere Studien, die belegen, dass besonders in den Chefetagen der Republik die Anzahl derer, die soziopathische bis psychopathische Defizite haben, überproportional hoch ist. Eine Schweizer Vergleichsstudie von 2011 zeigt, dass in den Managementetagen bis zu 20 % Psychopathen arbeiten, obwohl die Störung im Rest der Bevölkerung bei ca. 1 bis 3 % liegt. Auch der Kanadier Hare, dessen Skala heute als Standard zur Feststellung von Psychopathie gilt, und sein Kollege Babiak verglichen Personalverantwortliche mit dem Rest der Bevölkerung. Sie stellten bei den Chefs 6 % Psychopathen fest, während in der Vergleichsgruppe nur 1 % diese speziellen Persönlichkeitsmerkmale trugen.

„Psychopathen rauben keine Bank aus. Sie werden Bankvorstand" schreibt der Personalberater Heiner Thorborg (2015) über diesen Sachverhalt. Doch was macht diese Leute so erfolgreich, dass sie mehr als andere in den Chefetagen zu finden sind? Daynes und Fellowes erkennen die Rücksichtslosigkeit als Teil der Strategie bei vielen der besonders Erfolgreichen: „Milliardäre wie Sir Richard Branson, Bernie Ecclestone, Donald Trump und Bill Gates haben es geschafft, weil sie mutig, fantasievoll, ehrgeizig und rücksichtslos waren" (Daynes, Fellowes 2012).

Thorborg beschreibt auch, was der Pferdefuß an der Sache ist. Psychopathen in der Chefetage sind mit ihrer Rücksichtslosigkeit erfolgreich, scheitern aber an anderer Stelle, dort nämlich, wo die Achillesferse ihrer Persönlichkeitsstörung liegt. Diese Leute sind rücksichtslos, weil sie es nicht besser können, das heißt, aus einem Defizit heraus. Am Ende macht sich das Defizit schließlich bemerkbar. Piratenkapitäne, die auf hoher See den letzten Maat über die Planke laufen lassen, weil er nicht tut, was sie wollen, werden nicht zurück auf die Insel kommen. Alleine ein Schiff durch die See steuern zu wollen lässt alle am Ende zu Fischfutter werden. Psychopathen könnten an der Stelle nicht aus ihrer Haut. Sie können kühl kalkulieren, wo andere mit ihrer Sozialisation in Konflikt geraten. Aber dort, wo ihnen etwas fehlt, was die anderen haben, dort sind sie nicht kompetent.

Was kann ein gesunder Mensch tun, der fähig ist, das Mittel der Rücksichtslosigkeit gezielt einzusetzen? Was kann jemand tun, wenn nicht Persönlichkeitszüge, sondern bewusste Entscheidungen zugrunde liegen, die alle Folgen einberechnen können? Vermutlich kann so jemand alles tun. Er hat die Wahl – anders als die genannten erfolgreichen Psychopathen.

 Der Pirat kann das Mittel der Rücksichtslosigkeit einsetzen, wenn es angemessen ist – auch gegen sich selbst.

Der Gedanke ist folgerichtig, aber er widerspricht unserem innersten sozialen Kern. Viele werden an der Stelle Unbehagen oder Widerspruch empfinden, schließlich laufen diese Gedanken allem zuwider, was wir über den gesellschaftlichen Aspekt unseres Lebens gelernt haben. Deshalb soll die Frage nach der moralischen Verortung der Rücksichtslosigkeit hier betrachtet werden.

Wenn wir über Rücksichtslosigkeit sprechen, fangen wir mal bei uns selbst an (weil das sozial verträglich ist und daher den wenigsten Widerspruch herausfordern wird). Sich selbst gegenüber rücksichtslos und unnachgiebig zu sein, das ist der Stoff, aus dem die Helden sind. Wer hart trainiert, seine Zeit opfert, konsequent ist und die eigene Komfortzone verlassen kann, auch wenn die Anforderungen wachsen, der wird Erfolg haben. Solche Menschen sind gesellschaftlich hoch angesehen. Man nennt sie hart gegen sich selbst, diszipliniert, geradlinig und konsequent.

Rücksichtslos gegen sich selbst ist es auch, Altes aufzugeben, ohne Rücksicht (Rück-Sicht) auf das, was war, immer mit dem Augenmerk darauf, was ist und sein soll. Bei solchen Entscheidungen sind wir meist schon nicht mehr allein, sondern in Gesellschaft. Altes aufgeben bedeutet im privaten Bereich oft, dass nicht nur wir selbst etwas verlieren, dass nicht nur wir etwas ändern müssen, sondern auch die Menschen um uns herum. Diese Art der Rücksichtslosigkeit wird dann schon schneller gesellschaftlich sanktioniert.

Ein Mann gibt eine lukrative Arbeit auf, um zu studieren und damit neue Gelegenheiten wahrzunehmen. Mitbetroffen sind seine Frau, seine Kinder, seine Verwandtschaft, die Abteilung der Firma, in der er arbeitet. Manch einer wird ihn rücksichtslos finden. Geht der Egoist da auf einen Selbstverwirklichungstrip oder setzt er Segel, um seinem Berufsleben eine neue, erfolgreichere Richtung zu geben?

Was, wenn die Rücksichtslosigkeit anderen Menschen schadet? Dann spätestens sind wir in der gesellschaftlichen Tabuzone. Diese Entscheidungen stehen unter Verdacht. Zu erleben ist das zum Beispiel, wenn eine Werksschließung oder die Verlagerung von Produktionsstätten ansteht. Oft genug hören wir, wie rücksichtslos die Entscheidungen auf Kosten der Mitarbeiter seien. Trotzdem die Entscheider vielleicht mehr Arbeitsplätze gerettet als preisgegeben haben, trotzdem sie vielleicht durch eine Kurskorrektur das große Ganze gerettet haben, die Zukunft des Unternehmens gesichert haben: Diese Art der Rücksichtslosigkeit ist sozial tabuisiert. Besonders das Credo der Presseberichte lässt das erkennen:

∿ Nokia und die öffentliche Wahrnehmung

2008 schloss Nokia seine Produktionsstätte in Bochum und zog in das rumänische Jucu. Rücksichtslos war vor allem, dass Bochum vorher durch den Steuerzahler subventioniert war, eben um den Standort am Leben zu erhalten. Alle Proteste halfen nichts, der Handyriese zog weiter. Und versprach diesmal rumänischen Arbeitnehmern Arbeit und Einkommen. 2011 allerdings zog sich Nokia auch aus Rumänien zurück. Auch hier hinterließ das Unternehmen enttäuschte Arbeitnehmer. Die Zeitung Welt *lässt eine junge Arbeiterin zu Wort kommen und zeigt: Sozial ist anders. Die Rücksichtslosigkeit der finnischen Firma scheint auch diesmal viele fassungslos zu machen. Dabei macht das Unternehmen, was seinem Zweck entspricht: Es sucht nach der größtmöglichen Rendite. Überraschen sollte das niemanden.*

Wir kennen die Rücksichtslosigkeit gegen uns selbst, die gesellschaftlich anerkannt ist. Wir nennen Sie Disziplin. Rücksichtslosigkeit gegen andere dagegen wird häufiger als moralisch verwerflich angesehen. Wenn in der modernen Businesswelt Rücksichtslosigkeit zum Einsatz kommt, entscheiden meist nicht von den Konsequenzen betroffene Chefs über betroffene Angestellte. Diese Art der Rücksichtslosigkeit ist anrüchig und generell mit Misstrauen belegt.

Der Pirat kann zu einer freieren Entscheidung kommen. Er muss die herrschende Moral nicht anerkennen. Er muss sie aber auch nicht zwanghaft übersehen, so wie alle die, die aufgrund ihrer Persönlichkeitsstruktur oder ihrer Defizite handeln und nicht aufgrund ihrer freien Entscheidungen. Der Pirat kommt in die Lage, wirkliche Entscheidungen treffen zu können, denen es nicht an moralischer Grundlage mangeln muss.

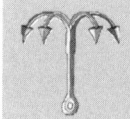 Lassen Sie sich von Ihren eigenen Werten leiten. Treffen Sie eine wirklich freie Entscheidung.

Ihr Ruf ist Kapital

Piraten kämpfen nicht um die Ehre. Das ist unpraktisch und gefährlich. Außerdem ist es ein Ablenkungsmanöver von der Sache. Man führt keinen Kampf, den man nicht gewinnen kann. So weit folgen die meisten noch im Sinne von Sun Tsu (2013). Aber der Pirat geht noch einen Schritt weiter: Man führt Kämpfe nur, wenn der Gewinn entsprechend hoch ist. Andernfalls dreht man bei. Also nicht das Handtuch in den Ring werfen, lieber in die Waschmaschine.

Menschen stürzen sich jedoch gerne in sinnlose und sogar ungewinnbare Kämpfe, wenn man sie auffordert, nicht

„den Schwanz einzuziehen". Ein einfaches „Feigling!" reicht oft aus, und wir werfen alle Bedenken über Bord und springen Hals über Kopf ins Gewühl. Es ist keine Kunst, einen Streit und dann einen möglicherweise aussichtslosen Kampf anzuzetteln. Der Pirat befreit sich von solchen Mechanismen, mit denen andere ihn andernfalls völlig in der Hand hätten und er entsprechend berechenbar wäre.

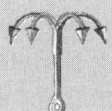
Die Ehre, die Royal Navy besiegt zu haben oder ehrenvoll untergegangen zu sein, bringt Sie im Leben nicht weiter.

Piraten agieren höchst wirtschaftlich, wenn sie ein Schiff kapern. Die Piratenflagge diente in früheren Zeiten als Marke. Wer sie sah, der verband damit all die gruseligen Geschichten, die ihn warnten: Streich die Segel. Wenn du dich ergibst und alles aushändigst, wird dir nichts geschehen. Hass, Rache und jegliches Gefühl sind beim Kapern nicht die Antreiber. Nur ein Mensch mit ernsten Problemen setzt schließlich sein Leben, das seiner Crew und all seinen Wohlstand aufs Spiel für unausgegorene Gefühle und schwammige Begriffe wie Ehre.

Es zählt: Gewinnen, nicht recht haben.

Nicht um die Ehre kämpfen, leuchtet ein. Aber bedeutet das, dass der Pirat ein „ehrloser Geselle" ist? Diese antiquierte Formulierung macht auf etwas aufmerksam, das noch tiefer unter dem Ehrbegriff verborgen ist. Der Ruf, die Reputation ist mit dem klassischen Ehrbegriff verwandt, es handelt sich aber nicht um dasselbe. Reputation ist ein Teil des Kapitals des Piraten. Wer zur Blütezeit der Seepiraterie die schwarze Flagge hisste, der benutzte einen Teil des Aspekts „Reputation". Der Gegner wusste, was er zu erwarten hatte, und traf seine Entscheidungen nur aufgrund des Rufs, der mit dem schwarzen Stoffstück verbunden war. Die heutige Piratenorganisation kann von dieser Art Reputation profitieren, ebenso wie der Privatpirat.

Jeder Einzelne ist eng mit seinem Ruf verbunden. Jede Person genießt öffentliches Ansehen aufgrund der Werte, die man mit seiner Person verbindet. Diese Zuschreibungen extrahiert das Umfeld aus den Handlungen des Einzelnen, über die sie gehört haben oder die sie erlebt haben.

Der Ruf, die Reputation des Piraten ist ein Mittel, mit dem die Beobachter (Mitarbeiter, Freunde, Öffentlichkeit) kalkulieren, wie der Pirat sich zukünftig verhalten wird. Er ist einerseits ein strategisches Mittel, das die anderen benutzen, um für sich in die gemeinsame Zukunft mit dem Piraten blicken zu können. Der Ruf macht den Piraten berechenbar, Entscheidungen werden erleichtert, und damit Aufwand eingespart. Die Basis für diese Ökonomisierung sind Vertrauen, Glaubwürdigkeit und auf der gegnerischen Seite Glaube. Diese Berechenbarkeit macht allerdings nur Sinn, wenn die Ergebnisse daraus dem Erfolg des Piraten dienen.

Pierre Bourdieu bezeichnet Reputation als symbolisches Kapital. Der Ruf lässt sich als soziale Ressource verstehen, die Anerkennung des Reputationsträgers durch sein Umfeld, seine Legitimation, als Kreditkarte für alle möglichen sozialen Situationen.

Piraten eilt der Ruf voraus, skrupellos im Kampf und bei Widerstand zu sein. Die Flagge schreckt die Gegner ab und sagt ihnen, dass sie sich schnellstens ergeben sollten. Nur deshalb konnten 90 % der Kaperungen gewaltfrei abgewickelt werden. Sir Francis Drake war bekannt für seine

Milde, wenn man sich seiner Flagge ergab. Er war berechenbar, wenn es seiner Ökonomie und seiner Crew zuträglich war. Es war zuträglich, wenn der Gegner kapitulierte und die Schiffskaperung ohne den Einsatz von Ressourcen oder Menschenleben abgewickelt werden konnte.

> Fragen Sie sich: Welcher Ruf eilt mir voraus? Wofür stehe ich auf den ersten Blick bei den Menschen um mich herum? Welche Flagge weht sozusagen unsichtbar über meinem Schreibtisch, meinem Hauseingang, welche Flagge ziehe ich für Meetings auf? Was ist meine Marke?

⚏ Die Nadelöhrversicherung

Jakob Fugger, Beiname „der Reiche", ist einer der unbestritten größten europäischen Geschäftsmänner der letzten Jahrhunderte. Der Mann hat den Ruf, ein radikaler Kapitalist gewesen zu sein. Einer, der das Fuggerunternehmen innerhalb kurzer Zeit weit über die Grenzen Augsburgs, der Heimatstadt Fuggers, hinaus zu einem internationalen Handelsgeschäft ausbaute. Wie eine Piratenflagge wird seine Reputation ihm zu Lebzeiten vorausgeeilt sein. Bis heute ist man in Bayerisch-Schwaben stolz auf den Kaiser-Finanzier, der einfach vor nichts haltmachte.

Mit besonderem Stolz zeigt man zu Augsburg, was auf den ersten Blick „nur" eine frühe soziale Errungenschaft des Fuggers zu sein scheint: Jakob der Reiche baute die erste Sozialsiedlung der Welt. Diese Fuggerei kann man bis heute in Augsburg besichtigen, und bis heute wohnen dort Menschen für 88 Cent zur Miete, zu Lebzeiten des Kaufmanns zahlte man einen Gulden im Jahr. Aber Jakob wird hier neben seinem kirchlichen Engagement auch seinem Ruf als radikaler Kaufmann gerecht. Bis heute wird in der in die Fuggerei integrierten Kirche dreimal täglich von „den

Armen" für das Seelenheil des Kaufmanns und seiner Familie gebetet. Das ist Teil des Vertrags, der das Wohnrecht in der Fuggerei sichert. Die Gebete sind auch 500 Jahre nach seinem Tod der wohl letzte funktionierende Ablass, eine Art „Nadelöhrversicherung" des Kaufmanns, der alles zähl- und wägbar zu machen versuchte.

Ein Fugger lässt sich sogar mit Gott auf einen Handel ein – und scheint dabei ein gutes Geschäft zu machen. Der reiche Jakob hatte die Sache radikal zu Ende gedacht. Für sein eigenes und das Seelenheil seiner Familie wurden bis heute geschätzte 82 Millionen Gebete von guten Christen gesprochen. Sollte Petrus also nicht sofort der Ansicht gewesen sein, dass der Fugger Einlass ins Himmelreich erhalten sollte, dann wird er sich noch überzeugen lassen.

Die Bibel sagt, Stolz sei eine Todsünde. So weit würden wir als Piraten nicht gehen. Was Stolz und was der Wunsch nach Anerkennung anrichten kann, zeigt das folgende Beispiel. Hier erlag ein Pirat dem menschlichen Grundbedürfnis nach Anerkennung und ging so ein Risiko wegen der Ehre ein (*Spiegel* 2013).

∿ Sich von seinem Ruf ruinieren lassen – der Filmvertrag

2013 verhafteten Ermittler am Brüsseler Flughafen die beiden somalischen Piraten, die den Angriff auf die „Pompei" geleitet hatten. Das belgische Schiff war 2009 entführt und für ein hohes Lösegeld befreit worden. Es waren nicht irgendwelche Piraten. Das Hauptziel war Mohammad Abdi Hassan, in Ermittlerkreisen „Pirat 001" genannt. Er war der wohl erfolgreichste Piratenführer im Golf von Aden. Im Januar 2009 hatte er seine Karriere offiziell für beendet erklärt und wollte nun seine Millionen auf möglichst angenehme Weise ausgeben. Er erlag einem simplen Trick. Die

Ermittler gaukelten dem Piraten 001 vor, eine belgische Produktionsfirma interessiere sich für seine Geschichte und wolle ihn groß herausbringen. Zur Unterzeichnung des Vertrags lud man ihn nach Brüssel ein. Und Hassan ging darauf ein ...

Hassan hatte hier alles falsch gemacht, was man falsch machen kann. Um welche Beute ging es ihm? Richtig. Um keine. Es ging um die Ehre und die Anerkennung seiner Genialität vor der Welt.

Stürzte Hassan über das normale menschliche Grundbedürfnis nach Anerkennung? Oder ist der Mann einfach ein Psychopath, der keine Angst empfinden kann und so das Risiko nicht adäquat einschätzen konnte? Denn das Merkmal der Furchtlosigkeit, das dem Psychopathen die Macht gibt, die ganz großen Coups zu landen, ist bei der Persönlichkeitsstörung ja eben nicht selektiv. Pirat 001 hätte sich dann gar nicht aussuchen können, ob er auf das Angebot eingeht. Es wäre ihm gar nicht in den Sinn gekommen, dass er dabei ein zu hohes Risiko einginge.

Psychopathie und Narzissmus hängen eng zusammen. Einer, der aufgrund der Persönlichkeitsstörung Erfolg hatte, würde genau darüber stürzen. Eine gut ausgedachte Aktion der belgischen Polizei, die hier mehr nach dem Piratenprinzip gehandelt hat als der Pirat selbst. Sie schien ihren Gegner genau gekannt zu haben.

Piraten sind eben nicht dafür gemacht, zu unterhalten. Deshalb: Unterhalten Sie nicht! Machen Sie nichts, nur um andere zu beeindrucken. Arbeiten Sie mit Beeindruckendem, wenn Ihre Beute von der Meinung anderer abhängt. Sie müssen niemanden überzeugen, man muss nicht Ihrer Meinung sein – behalten Sie Ihr Ziel im Auge und überholen Sie.

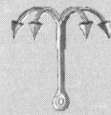

Kaperregel: Ihr Schiff soll nicht gefallen, es soll ankommen

- Beeindrucken Sie durchs Überholen, nicht durch Unterhaltung.
- Andere überzeugen ist nicht Ihr Geschäft. Kommen Sie schneller ans Ziel.
- Sie müssen nicht jedem gefallen, es reicht, wenn Sie besser sind; alle werden Sie ein wenig bewundern, keiner wird das zugeben.

Essenz

- Studien stellen fest, dass Rücksichtslose erfolgreicher sind.
- Was rücksichtslos ist, legt die Gesellschaft in Tabus fest; es lohnt sich, die genau anzusehen.
- Piraten waren rücksichtslos, sie brachen Tabus und verließen die Gesellschaft; das muss heute nicht zwangsläufig die Folge sein.
- Denken Sie Ihr Handeln radikal ohne Sentimentalitäten durch; Ihre Werte wie beispielsweise Mitgefühl fließen erst bei Entscheidung und Umsetzung ein.
- Reputation ist soziales Kapital, das Verhalten von Gegnern und Freunden wird von der Reputation beeinflusst.
- Reputation ist nicht dasselbe wie Ehre.
- Piraten kämpfen nicht um die Ehre, sie wird oft genug dazu missbraucht, sinn- und aussichtslose Kämpfe anzuzetteln.
- Die Berechenbarkeit, die Ihr Ruf mit sich bringt, muss sich für Sie lohnen.

Meine Regeln, ihre Konventionen

 Die meisten Regeln sind gesellschaftliche Konventionen. Piraten wissen um deren Wirkung als Scheuklappen und Begrenzung der Möglichkeiten. Sie haben ein Gespür dafür, wenn es darum geht, Richtlinien und Verbote einzuhalten, aber auch den Mut, Regeln zu brechen oder selbst welche aufzustellen. Zu keiner Zeit waren Piraten auf dieser Welt, um die Erwartungen anderer zu erfüllen.

Ohne Regeln geht nichts. Und Regeln beeinflussen alle Bereiche unseres Lebens. Ein Pirat ist ein Regelbrecher, radikal und unberechenbar auf sein Ziel fixiert. Daher lohnt es sich, noch mal genauer den Begriff „Regel" zu durchleuchten.

Geregelte Erwartungen

Nicht jede Regel ist eine Regel. Eine Regel ohne Sanktion ist nämlich keine Regel, sie ist ein Appell. Nur wenn auf die Übertretung einer Regel eine Sanktion folgt, handelt es sich um eine Regel. Eine hochgezogene Augenbraue oder ein öffentlicher Rüffel kann auch eine Sanktion sein. Diese soziale Sanktion ist nur auf den ersten Blick eine schwache Sanktion. Denn Missbilligung ist hocheffizient. Soziale Sanktionen erreichen die meisten Menschen sogar noch stärker als zum Beispiel Strafzahlungen. Wir alle sind gut erreichbar für die Drohung, aus der Gemeinschaft ausgestoßen zu werden. Regeln können auch niedergelegt und strafbewehrt sein, wie Verordnungen und Gesetze.

Eine andere Art von Regeln sind dagegen Konventionen. Sie sind gesellschaftlich anerkannte Verhaltensregeln, an die man sich ohne weitere Aufforderung zu halten hat. Meistens sind sie nirgendwo schriftlich niedergelegt, außer vielleicht im Knigge. Kommt ein Mensch in einen neuen sozialen Zusammenhang, muss er diese gesellschaftlichen Konventionen mühsam erlernen. Meist ist das ein schmerzhafter Prozess, die Einhaltung von Konventionen ist mit sozialen Sanktionen bewehrt. Man lernt Konventionen schnell, weil es unangenehm ist, sie nicht zu kennen. Wer sie nicht kennt, wird in Gesellschaft nicht ernst genommen und kann so auch keine Reputation gewinnen.

Prinzipiell gilt für die Konvention allerdings, dass man kein Gesetz bricht, wenn man sie nicht befolgt. In der Regel tut das auch niemandem weh. Allerdings sind Konventionen mit starken sozialen Sanktionen bewehrt, und es kann unangenehm werden, sie zu verletzen. Wenn es aber einen Mehrwert bringt, sie zu brechen, lassen Sie sich nicht aufhalten.

Richtlinien sind dagegen weniger strafbewehrt als Konventionen. Übertritt man sie, gibt es immer noch die Möglichkeit, den Einzelfall zu erläutern und zu klären, weshalb man der Richtlinie nicht gefolgt ist. Richtlinien sind verhandelbar.

Schließlich unterscheiden wir auch Ge- und Verbot. Unter Verboten sind wir noch freier als unter Geboten. Ein Verbot sagt, was wir nicht tun dürfen, nicht aber, was wir tun sollen. Konventionen und Richtlinien sind also Gebote.

Der Privatpirat unterscheidet zwischen externen (außerhalb der Organisation/Arbeit) und internen Regeln (eigene Grundsätze) und den Sanktionen, mit denen die Regeln bewehrt sind. Die externen Regeln gilt es genau zu kennen und dann zu brechen, wenn der Gewinn das Risiko aufwiegt. Prinzipiell hält der Pirat keine Regel um ihrer selbst willen ein. Radikal ist auch hier, zu Ende zu denken und nicht aufhören zu denken, wo die meisten anderen sich mit den Konventionen als gedanklicher Grenze zufriedengeben.

 Regeln sind die relativ klar umrissenen, oftmals niedergeschriebenen Erwartungen der anderen. Nicht mehr.

In seiner Umgebung, der Organisation und für sich selbst stellt der Pirat bewusst eigene Regeln auf. Piraten haben schon zu Zeiten der Seepiraterie eigene Regelwerke benutzt. Das Regelwerk des Buccaneer Henry Morgan ist berühmt geworden. In ihm ist alles Wichtige geregelt.

≈ Regelwerk von Henry Morgan

Henry Morgan war als Freibeuter mit dem sogenannten Kaperbrief der britischen Krone ausgestattet. Er überfiel spanische Handelsschiffe in der Karibik. Im Archivo General de Indias in Sevilla liegen seine „Articles of Agreement" im Original. Sie sind eine der wenigen erhaltenen Piratenverträge aus dem 17. Jahrhundert. Darin sind Morgans Regelungen für seine Crew niedergelegt.

Die Piraten, die unter Morgans Kommando fuhren, konnten sich auf den Kodex verlassen. Morgan hatte sie gegen Risiken hervorragend abgesichert, ihr Anteil an der Beute stand fest, und die Wahl des Captains war demokratisch organisiert. Verlor ein Pirat beispielsweise im Kampf einen Arm, standen ihm zur Entschädigung 500 Münzen oder sechs Sklaven zu.

Angesichts dieser Regeln war die Kaperfahrt unter Morgans Kommando zwar lebensgefährlich, der Arbeitgeber in diesem Fall aber recht fortschrittlich. Schließlich stand England am Vorabend der Industrialisierung. Ein großes Bevölkerungswachstum hatte eingesetzt, und die Preise für Essen stiegen stetig, während die Löhne sanken. Absicherung gegen Verdienstausfall konnte man sonst nirgendwo vom Arbeitgeber erwarten. Aber tödlich konnte auch andere Arbeit sein.

Der Piratenvertrag zeigt die Merkmale, die Piratenregeln haben sollten: einfach, zielgerichtet, radikal, transparent, keine unnötigen Regelungen, keine Bürokratie. Piratenregeln regeln das Wesentliche:

- *Die Verteilung der Beute*

  Transparente und einfache, faire Verteilung gewährleistet die Loyalität und die Mitwirkung der Crew am großen gemeinsamen Ziel. Der moderne Pirat holt sich hier die Anregung, keine komplizierten Bonussysteme zu installieren, sondern die Beute einer Gewinnbeteiligung entsprechend zu verteilen.

- *Der Umgang miteinander*

  Auf den Piratenschiffen waren häufig Glücksspiele oder übermäßiger Genuss von Alkohol verboten. Zuwiderhandlungen wurden mit martialischen Strafen geahndet. Der moderne Pirat gibt seiner Crew die Regeln vor, die alle ans Ziel bringen. Einfache und klare Spielregeln. Die Crew muss untereinander zusammenstehen. Wer den Betriebsfrieden stört, weil er sich durch Falschspielen profilieren will, anstatt ganz bei der Sache zu ein, verlässt das Team. Moderne Gesetze lassen hier eventuell die Versetzung zu oder die Betrauung mit Aufgaben, die den Fortgang der eigentlichen Sache nicht beeinflussen. Der illoyale Pirat geht dagegen bei nächster Gelegenheit über die Planke.

- *Versorgung und Sicherheit der Mannschaft*

  Morgan sicherte seine Männer ab. So konnten sie alles geben, was sie hatten, auch rechte Arme. Wie können Sie Ihre Leute absichern? Welche Risiken muss Ihre Crew eingehen, um an die Beute zu kommen? Stehen Sie zum Beispiel vor Ihrem Team, wenn es Eigeninitiative zeigt oder die hierarchischen Regeln etwas freier interpretiert? Oder lassen Sie die Crew ins Messer laufen?

- *Mitsprache und demokratische Elemente*

  Der Captain konnte abgesetzt werden, wenn er seine Piraten nicht zur Beute führte. Wo nutzen Sie die Intelligenz der Mehrheit? Wo lassen Sie sich auf die Einwände Ihrer Crew ein? Sind Sie radikal genug, sich den Zweifeln zu stellen und sie auszuräumen? Sind Sie führungsstark genug, um sich Ihrem Team auszuliefern?

Der Pirat legt sich aber mit seinem Regelwerk trotzdem nicht selbst an die Kette, sondern benutzt diese Grundsätze, um seine Ziele zu erreichen. Regeln sind für den Piraten nie Selbstzweck. Sie sind Alltagserleichterung und keine Fesseln.

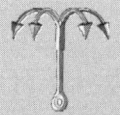 Wenn Sie bemerken, dass Sie feststecken und Probleme nicht gelöst bekommen, prüfen Sie noch einmal Ihre zugrunde liegenden Regeln. Sind sie hilfreich und angemessen? Wenn Sie das Problem nicht gelöst bekommen, sind sie es wahrscheinlich nicht.

Heimliche Regeln

Es gibt auch die eigenen, ungeschriebenen Regeln. Diese Regeln sind alt, mitunter sehr alt und sogar älter als diejenigen, die wir durch unser Umfeld erlernt haben. Es sind Regeln, von denen Sie noch nicht einmal wissen, dass Sie eine Regel befolgen. Sie kommen aus der Zeit, als erwachsene Menschen an Ihrem kleinen, unfertigen Gehirn programmiert haben. Eins ist klar: Sie konnten sich noch nicht wehren. Sie haben da gelernt, dass man Messer und Gabel benutzt, und sich seither wahrscheinlich nicht mehr gefragt, warum. Bei der Verwendung von Besteck ist das auch kein Unglück.

Damals haben Sie gelernt, wie Beziehungen funktionieren, wie man auf die Gefühle anderer und auf die eigenen Gefühle reagiert. „Nicht weinen! Ein Indianer kennt keinen Schmerz!" Und wann haben Sie das zuletzt hinterfragt? Zumal die Begründung mit dem schmerzfreien Indianer, der eine solche Berühmtheit erlangt hat, auch noch vollständig absurd ist – wer von uns hatte schon vor, Indianer zu werden? Und dennoch stoßen erwachsene Menschen an ihre Grenzen, wenn sie mit Schmerz konfrontiert sind. Sie können nicht weinen oder können nicht mehr aufhören, zu weinen. Sie entwickeln ernst zu nehmende psychologische Zustände, die Krankheitswert erreichen können, weil sie nicht in der Lage sind, ihre Regeln von damals ohne Hilfe zu hinterfragen.

Es sind immer noch die geheimsten Regeln, an die wir Menschen uns, ohne sie zu hinterfragen, halten. Wie will man Regeln brechen, von denen man nicht weiß, dass es Regeln sind, weil sie so selbstverständlich sind? Diese Regeln sind die Basis unserer Gesellschaft. Sie machen das soziale Modell des Zusammenlebens von Menschen erfolgreich. Sie ermöglichen Arbeitsteilung und damit Fortschritt, sie ermöglichen Lernen und Anpassung an alle Lebensbedingungen auf der Welt und haben so zur Eroberung des Planeten durch den Menschen geführt. Es sind die grundlegendsten Regeln: Wie man isst, schläft, sich in Gesellschaft gibt („Gib dem Onkel die Hand", „Sieh mir in die Augen, wenn ich mit dir rede"), was man anzieht, wen man wie lieben darf, was Recht und was Unrecht ist, wer mehr und wer weniger Rechte besitzt, was man (nicht) sagen darf, was man (nicht mal) denken darf. Es geht um die selbstverständlichsten Selbstverständlichkeiten, die man besitzt. Es geht darum, welche immateriellen Werte einem das Umfeld vererbt hat und was dieses Erbe für einen bedeutet. Um ein drastisches Bild zu verwenden: Werden Sie sich auch den geerbten wertlosen Trödel, der seit Generationen in der Goldbox überreicht wird, stolz ins Wohnzimmer stellen, weil Sie nicht in der Lage dazu sind, sich zu fragen, ob Ihnen das nützt oder schadet? Oder können Sie loslassen?

Denn wenn Sie Ihre geheimen Regeln gefunden haben, können Sie diese nicht einfach abschalten. Sie sind strafbewehrter als alle anderen. Zu der Zeit, als sie in Ihr Gehirn geschrieben wurden, war das Stirnrunzeln Ihrer Mutter oder der Kindergärtnerin eine derart mächtige Sanktion, wie man sich das kaum vorstellen kann. Die Erwachsenen hatten absolute Macht über Sie. Sie bestimmten, was oder ob Sie aßen, wo Sie schliefen, wen Sie lieben durften. Sie entzogen Ihnen in absolutistischem Stil Privilegien oder verteilten diese. Die meiste Zeit konnten Sie nicht verstehen, welche Gründe es dafür gab („Ein Indianer kennt keinen Schmerz"). Daher blieb einem nur übrig, diese Machtposition anzuerkennen und als Begründung zu akzeptieren, dass einen die Erwachsenen in der Hand hatten. Man hat sich angepasst, bevor man wusste, dass es eine Wahl geben könnte. Man hat gelernt, dass man Regeln in der Regel befolgt, ohne zu fragen.

Unhinterfragte Regeln führen zur einfachen Nachahmung, der Lernmethode von Kleinkindern. Wenn wir dem Kindesalter entwachsen, lassen wir viele Sachen hinter uns. Wir krabbeln nicht mehr, wir stehen auf. Wir sprechen in ganzen Sätzen und lernen auch sonst viele Dinge neu und anders. Viele Regeln aus Kindertagen hinterfragen wir. Doch einige, die unhinterfragbarsten, oft sind das auch die ganz und gar unlogischsten, nicht rationalen Regeln, belassen wir und verwenden sie weiter.

 Unsere Windeln aus Kindertagen haben wir abgelegt. Aber einige Regeln, die ein Äquivalent der Windel sein könnten, tragen wir immer noch mit uns herum. Wir ahmen nach, was wir damals gelernt haben, oft unhinterfragt.

Carl von Clausewitz sagt daher zutreffend (1832):

> *„Regeln sind lediglich die Krücken, die den Nachahmern helfen, weiter zu humpeln."*

Der Film *Fight Club* ist eine Inspiration für alle Regelbrecher. Sogar Brad Pitt bricht darin mit der Regel, den schönen und strahlenden Helden zu geben.

⌇⌇⌇ Fight Club – die Regeln machen den Club zum Club!

Der Protagonist Tylor Durden gibt die Regel für den Club aus. Jeder, der neu ist, muss zuerst diese Regel lernen: Kein Wort über den Fight Club!

Alle Neuen werden darauf eingeschworen, einer Geheimgesellschaft anzugehören. Ab da wächst der Fight Club schneller. Das Mittel der Wahl ist Mundpropaganda. Alle reden darüber (unter dem Siegel der Verschwiegenheit).

Interessant dabei: Erst die Regel macht den Club zum Club. Erst wenn es Regeln gibt, die für alle gelten, haben Menschen das Gefühl, zusammenzugehören. Regeln machen aus einzelnen Menschen eine Gemeinschaft mit Wir-Element. Die Regeln sind es, die Menschen zu „sozialen Tieren" machen. Beim Fight Club macht erst diese einfache Regel den Club zu einer eingeschworenen Gemeinschaft – einer Gemeinschaft von lauter Regelbrechern.

Ferdinand von Schirach, Strafrechtler und Autor, zeigt in seinem Stück *Terror* (2016) en passant ein anderes Merkmal von Regeln.

⌇⌇⌇ Das Dilemma – zwei Regeln widersprechen sich

In dem Stück Terror *geht es um einen General vor Gericht. Dieser hatte auf eine voll besetzte Passagiermaschine geschossen, obwohl dazu kein Befehl vorlag. Die Maschine war von Terroristen entführt worden und unterwegs, um über einem Fußballstadion zum Absturz gebracht zu werden. Gelingt den Terroristen das, werden sie sehr viele Menschen töten. Es sind also nicht nur die im Flugzeug Sitzenden in Gefahr, sondern auch die Menschen im Stadion. Es gibt jetzt zwei Möglichkeiten: Einerseits die Maschine abschießen, wobei all die Unschuldigen darin zu Tode kommen. Oder andererseits noch viel mehr Tote, wenn die Maschine in das Stadion stürzt.*

Der General entscheidet und handelt in der Situation unter Missachtung der Hierarchie. Er schießt auf die Passagiermaschine.

Ist das eine einfache Entscheidung? Wer möchte denn diese Entscheidung auf sich nehmen? „Sie werden ohnehin alle sterben" ist ein zu zynischer Gedanke. Und derjenige, der die Entscheidung trifft, wird ein Leben lang damit leben müssen.

In dieser Situation stehen sich zwei Regeln („Du sollst nicht töten" und „Du sollst so viele Leben retten wie möglich") so unvereinbar gegenüber, dass eine echte Entscheidung getroffen werden muss. Eine Entscheidung, die mindestens eine der beiden Regeln verletzen wird. Es gibt keinen Ausweg, der es zulässt, das Richtige zu tun. Die Regeln können nicht gleichzeitig angewandt werden.

An dem Dilemma kann man ablesen, wie Regeln normalerweise helfen und von der Verantwortung befreien. Es steht infrage, ob der Mann in moralischem Sinne schuldig wäre, nicht aber, ob er im juristischen Sinne schuldig wäre, das ist unstrittig. Er verletzt ganz klar die Regeln – in einer Situation, in der sein Vorgesetzter, der Minister, nicht in der Lage ist, eine Entscheidung zu treffen und dabei keine Regel verletzt. Der Minister enthält sich und gibt keine Anweisung. Solange er keine Anweisung gibt, lautet die Regel:

Nicht schießen. Aber am Ende steht nicht der Minister vor Gericht. Denn er hatte sich an die Regeln gehalten, obwohl er seiner Verantwortung als Entscheidungsträger nicht gerecht geworden war.

Das Dilemma zeigt: Es ist weithin akzeptiert, sich an Regeln zu halten, um sich seiner Verantwortung zu entziehen. Wer sich auf eine echte Entscheidung einlässt, wird dagegen mit Konsequenzen konfrontiert.

Was macht der Pirat mit Regeln?

 Der Pirat findet die Regel mit dem besten Risiko-Nutzen-Verhältnis und bricht sie, um den größeren Ertrag zu machen. Piraten verhalten sich nicht wie Leute mit dissozialer Persönlichkeitsstörung. Sie brechen nicht zwanghaft Regeln, und sie wissen auch, wie Regeln funktionieren und wozu sie gut sind.

Als die Fitnesskette Clever Fit auf dem Meer der Sportstudios auftauchte, gab es eine Menge ungeschriebener Regeln in der Branche. Eine davon war ein satter Aufpreis für das Training auf vibrierenden Platten. Die Trainingsmethode hat ihre Ursprünge im Umfeld der Weltraumforschung der NASA. Sie soll Muskeln und sogar Knochensubstanz fast ohne eigenes Zutun wachsen lassen. Als die ersten Studios mit der Platte arbeiteten, boten sie das Rütteltraining für 5,– Euro pro 15 Minuten Trainingseinheit an. Clever Fit bot das Vibrationstraining zusammen mit einer Solarium-Flatrate für 5,– Euro im Monat an. Ein unvorstellbarer Regelbruch. Vorübergehend führte dies zu Lieferproblemen durch den Hersteller der Vibrationsplatten, der um seinen Ruf fürchtete. Ein Risiko, das sich gelohnt hat, der Regelbruch war ein weiterer Schritt zur Abgrenzung vom Wettbewerb und zum Ruf des etwas anderen Fitnessstudios.

Piraten stellen Regeln auf und verabschieden sie, wenn sie nicht oder nicht mehr funktionieren. Piraten sehen die Regeln als Mittel zum Zweck und behandeln sie auch so. Nicht anders war das bei historischen Seepiraten, die für sich und die Crew Regelwerke aufstellten, die Piratenverträge. Diese Regelwerke waren einerseits extrem strafbewehrt und andererseits simpel, einsehbar und begründet, aber vor allem kurz und bündig. Es wurde nur geregelt, was geregelt werden musste, um die Operation abzusichern.

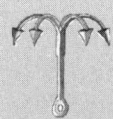 **Regeln brechen**

Stellen Sie sich folgende Fragen:

- Wem hilft die Regel?
- Macht es Sinn, die Regel zu brechen?
- Was bringt es mir, was kostet es mich, die Regel zu brechen?
- Mache ich damit etwas kaputt?
- Schade ich jemandem oder verletze ich damit jemanden?
- Verstoße ich gegen ein Gesetz?
- Tue ich dies, weil ich mich dazu verpflichtet fühle?
- Mit welchen Sanktionen ist die Regelverletzung belegt?
- Um welche Sorte Regeln handelt es sich? Appell, Konvention, Regel, Richtlinie oder Gesetz?
- Was bringt es, die Regel zu befolgen?

Ich bin nicht auf der Welt, um die Erwartungen (Regeln) anderer zu erfüllen.

Make or buy? Die Frage stellt sich im Business häufig. Kaufen wir oder stellen wir es selbst her? Mit dieser Frage sind Unternehmen, um wirtschaftlich und wettbewerbsfähig zu bleiben, stets konfrontiert. Rufe ich einen Handwerker für teures Geld oder fahre ich zum Baumarkt und versuche mich selbst? Mittlerweile gibt es durch die Möglichkeiten des Internets wieder Ansätze, Gegenstände oder Dienstleistungen zu tauschen. Das ist die dritte, allerdings sehr mühsame und schwerfällige Option, das Tauschen: make, buy or swap.

Der Regelbruch schlechthin in der Geschichte der Piraterie führt uns zu einer weiteren Möglichkeit, dem Diebstahl: make, buy or steal.

∿ Diebstahl eines Sportteams

Pittz und Adler zeigen unternehmerische Piraterie am Beispiel des Basketballteams der Seattle Supersonics (2014). Mit Unberechenbarkeit bis hin zur Täuschung und Frechheit wurde eine gesamte Mannschaft ganz legal gestohlen. Der Umzug eines kompletten Sportteams in eine andere Stadt, von Seattle nach Oklahoma City, war bis dahin ein unvorstellbarer Regelbruch. Die Entscheidung, ob man die Stars von morgen selbst ausbilden (make), ein Team mühsam über die Jahre durch Zukäufe aufbauen (buy) oder die fertigen Spieler, bereits eingespielt, einfach beschaffen sollte (steal), kennen wir sonst allenfalls aus der Bankenwelt.

Wenn Ressourcen knapp sind, beispielsweise da Monopolisten den Markt bestimmen, und die eigene Herstellung an Patenten anderer scheitert, dann ist diese dritte Option schon längst in den Köpfen der Manager.

Wer die Regeln bricht, zeigt eine unwiderstehliche Mischung aus Frechheit und Berechnung. Menschen, die das tun, werden häufig von anderen als Führung anerkannt und bewundert. Da sie erfolgreich sind, werden ihre Strategien kopiert.

Essenz

- Regeln erleichtern das Leben, wer sie einhält, muss sich nicht rechtfertigen, muss nichts entscheiden und empfindet weniger Verantwortung für sein Handeln.

- Wer Regeln einhält, fühlt sich sicher; Regeln zu befolgen brachte uns bereits als Knirps weiter, wer nachahmt, profitiert von den Erfahrungen der Ahnen.

- Regeln sind oft gesellschaftliche Konventionen; man verstößt eher nicht gegen ein Gesetz oder bringt andere in Gefahr.

- Wer Regeln unhinterfragt befolgt, führt aus, handelt aber nicht.

- Neues entsteht nicht auf ausgetretenen Pfaden; es müssen Regeln gebrochen und Grundlagen neu bedacht werden.

- Der Pirat weiß, wann und warum er Regeln befolgt oder missachtet.

- Wer Regeln bricht, wird immer auch für seine Frechheit bewundert.

Literatur

Bower, J. L.; Christensen, C. M.: „Wie Sie die Chancen disruptiver Technologien nutzen". *Harvard Business Manager* 2/2012.

Clausewitz, C. v.: *Vom Kriege*. Ullstein, Berlin 1980.

Daynes, K.; Fellowes, J.: *Gestört*. Ariston, München 2012.

Koenen, J.: „Sparbrötchen und Pokerspieler". *Handelsblatt* 13.08.2007.

Lawrence, D.: „Disruptors are just pirates on the high seas of capitalism". *The Globe and Mail Special on Business Education* 05.11.2014.

Pittz, T. G.; Adler, T. R.: „Entrepreneurial Piracy through Strategic Deception: the ‚Make, Buy, or Steal'-Decision". *International Journal of Entrepreneurship and Small Business* Vol. 21, No. 2, 2014.

Schirach, F. v.: *Terror. Ein Theaterstück und eine Rede*. btb, München 2016.

Spiegel.de: „Ermittler schnappen Piratenchef mit Filmangebot – Gefasster Somalier in Belgien". 14.10.2013.

Sun Tsu: *Die Kunst des Krieges*. Lampert Schneider, Darmstadt 2013.

Thorborg, H.: „Zeitbomben mit Schlips – Psychopaten in Chefetagen". *Spiegelonline.de*

Auf zur Insel

Die eigene Insel finden

„Die Tugend ist eine Mesotes", lautet der berühmte Satz des Aristoteles. Der Ethiker und frühe Demokratiephilosoph wollte damit sagen, dass das richtige Maß zwischen zwei entgegengesetzten Lastern die Mitte ist. Alles, was hier aufgeschrieben wurde, ist ein Richtwert. Der Anwender muss es auf seine Situation anpassen. Der Pirat befolgt kein System, ohne es zu bedenken.

Die Zusammenfassung der Kaperregeln als einfache Analogien für den Alltag erleichtert es Ihnen, das Piratenprinzip anzuwenden und so den Weg zur Insel zu finden.

Das Kaperhandbuch:
Zusammenfassung der Kaperregeln

- Immer nur ein Schiff kapern.
- Man kann ein Schiff nicht halb kapern.
- Nicht entern, kapern.
- Kapern Sie keine Fischkutter.
- Immer ein Mann im Ausguck.
- Ein Schiff, ein Anker.
- Werfen Sie die Kanonen über Bord.
- Setzen Sie alle verfügbaren Segel.
- Entern Sie nicht die Royal Navy.
- Die Nebelbank ist Ihr Freund.
- Aus Schiffen kann man keine Wagenburg bauen.
- Ihr Schiff soll nicht gefallen, es soll ankommen.

Und nun ist es so weit. Segel setzen und auf zur Insel!

Dieser Leitfaden soll uns nicht vom Kern des Wesentlichen abbringen, sondern vielmehr genau dorthin: zur Schatzinsel.

Natürlich braucht man heute keine physischen Schatzinseln mehr, um seine Beute zu vergraben. Die moderne Finanzwelt eröffnet bequemere Möglichkeiten, wie beispielsweise Aktien, Fonds, Schließfächer oder einfach nur ein Bankkonto. Um diese Vielfalt der Aufbewahrung hätten uns Piraten aller Epochen beneidet.

Heute symbolisiert die Insel einen Faktor, bei dem es um andere Schätze als Gold geht. Es geht um das Wesentliche, um die Lebenszeit, die Zeit nach oder zwischen den Beutezügen.

Leistung! Pragmatisches Voranschreiten! Ziele! Kontrolle! All das benötigen Sie, um es zu etwas zu bringen. Aber weshalb sollten Sie es zu etwas bringen wollen?

Die Fokussierung auf das Ziel, die Beute, findet auf der Insel ihr Ende. Die Insel ist der Ort, an dem die ständige Konzentration auf die Machbarkeit, die Lösbarkeit und die Ergebnisse ein Ende hat. Es ist wichtig, die Phasen im Leben ausfindig zu machen, die Leichtigkeit erlauben. Die Zeiten, in denen die Nutzbarmachung des Lebens eine Grenze findet. Denn alles hat keinen Nutzen mehr, wenn Sie nur noch in Nutzenkategorien denken. Dann sind Sie ein Sklave Ihrer Weltsicht geworden und beuten sich selbst aus.

Wofür? Was ist das größere Ziel? Wohin wollen Sie mit all Ihrem Erfolg? Der Pirat hat dafür die Insel. Was ist Ihre Insel? Und haben Sie die Koordinaten für die Insel immer im Kopf? Das Ziel des Kampfes ist nicht der Kampf, nicht einmal der Sieg, sondern die Ordnung der Verhältnisse nach den eigenen Bedürfnissen.

Zeit, ein kostbares Gut

Um Ziele zu erreichen, benötigt man Zeit auf der Insel. Die Insel, das ist der Ort, an dem Sie abschalten, und deshalb übertragen gemeint. Orte, an denen man müßiggeht, ruhig wird und absichtslos einfach nur lebt.

Ganz so absichtslos ist die Erholungspause auf der Insel dann doch wieder nicht. In Erholungspausen entsteht nichts Geringeres als der Masterplan Ihres Lebens.

In Phasen des Müßiggangs sprießen neue Ideen. Ideen, also kreative Gedanken, lassen sich nicht so leicht in ein pragmatisches Konzept pressen. Sie erscheinen aber wie von selbst in Pausen, beim Duschen, beim Joggen, in Phasen der Entspannung. Der britische Psychologe Richard Wiseman (2004) unterstreicht, dass entspannte Menschen Muße haben, um Gelegenheiten rechts und links des Weges zu erkennen. Die Pausen machen Sie erst bereit, Zufälle zu erkennen und zu nutzen.

Genauso wie Ihre Muskeln nicht während des Sports wachsen, sondern in der Erholungspause, entwickelt man sich in der Zeit dazwischen weiter, psychisch wie physisch. Allein dieser Gedanke lässt einen die faulen Zeiten ohne jedes schlechte Gewissen mühelos ertragen.

Mentales Wachstum findet in den geistigen Ruhepausen statt.

Beim Denken ohne Ziel entstehen wirklich neue Gedanken.

Im modernen Wirtschaftssystem gibt es keine Flauten. Sie können also nicht warten, bis sich eine Pause anbietet. Sie müssen aktiv dafür sorgen. Ja, Sie können es sich leisten, Ihr Handy auszuschalten. Auch wenn Sie nicht erreichbar sind, Ihre Crew wird Ihnen den Rücken frei halten. Daneben sind Sie ein unabhängiger Mensch, und die erwiesenermaßen kontraproduktive Einstellung zum Thema Müßiggang und Pausen, die Sie umgibt, sollten Sie nicht teilen. Wenn es Ihnen bei dem Gedanken ungemütlich wird, scheuen Sie sich nicht. Lügen Sie. Aber rechtfertigen Sie sich nicht, denn wie bereits ausgeführt: Derjenige, den Sie um Erlaubnis fragen, glaubt, die Autorität zu haben, Ihnen die Zustimmung zu verweigern. Derjenige, vor dem Sie sich rechtfertigen, glaubt, im Recht zu sein.

Im eigenen Rhythmus bleiben

Chefs glauben, dass alles läuft, wenn ihre Leute Überstunden machen, gehetzt und gestresst wirken. Immer noch ist es üblich, Aufwand und Outcome zu verwechseln. Je beschäftigter einer ist, desto mehr halten ihn die Leute für wichtig. Abwarten wird gesellschaftlich nicht geschätzt, es zählt mehr Handlung ohne Denken, Hauptsache, schnell.

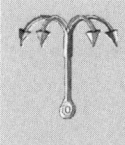 Faulheit und Abwarten wird gesellschaftlich nicht geschätzt. Dies führt zu schlechtem Gewissen in Erholungspausen und übereilten Aktivitäten im Business. Bleiben Sie in Ihrem Rhythmus.

Gerhard Schröder prägte den Begriff der „Politik der ruhigen Hand". Es brauchte ein griffiges Schlagwort, das die Leute beruhigte und ihnen erklärte, dass man zuerst denken und dann handeln darf, dass Eingriffe in Entwicklungen eine Zeitverzögerung aufweisen. Deshalb ist das Beobachten der Wirkungen von Maßnahmen notwendig. Schröders Wirtschaftspolitik, die nicht überstürzt sein wollte, wurde von der Opposition kritisiert: „Die Politik der faulen Hand", sagte man dem Kanzler nach. Und wenn man zurücksieht, stellt man fest, dass viele Politiker ähnliche Ansätze hatten. Von Otto von Bismarck über Willy Brandt bis hin zu Angela Merkel ist die ruhige Hand immer wieder praktiziert worden. Aber damit ist besonders im Geschäft mit der Glaubwürdigkeit kein Blumentopf zu gewinnen. Es ist eine gesellschaftliche Regel, dass Handeln hilft, während Pausieren schadet. Objektiv ist das jedoch nicht.

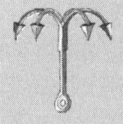 Handeln Sie nur, wenn es sinnvoll ist. Erlauben Sie sich, zu denken, bevor Sie handeln, und vor allem erlauben Sie sich, Freiraum für zielloses Denken zu schaffen.

Nur dem Handelnden gehört der Ruhm, übereiltes und unnötiges Handeln ist üblich. Besonders in neuen und unklaren Situationen scheint derjenige zu führen, der schnell das Ruder an sich reißt. Das ist häufiger unsinnig und kontraproduktiv, weil es dabei nicht um die Sache, sondern um die gesellschaftliche Akzeptanz geht. Rolf Dobelli (2011) umreißt diesen Action Bias mit den Worten „Die Gesellschaft zieht gedankenloses Handeln dem sinnvollen Abwarten vor". Fallen Sie also nicht darauf herein.

Von Pausen und Müßiggang

Abbau von Überstunden, Urlaub, Sabbatical sind Pausenarten. Dabei können Sie ruhig einmal das Nichtstun einkalkulieren. Vielleicht machen Sie auch Pause, weil sie auf bessere Gelegenheiten – der Pirat würde Wind oder Beute sagen – warten.

Zwangspausen und Wartezeiten können genutzt werden, zum Beispiel um neue Gelegenheiten aufzuspüren. Um sich fortzubilden, zu lernen, zu beobachten. Aber in Pausen kann man auch mal gar nichts tun. Allerdings ist das tatsächlich für viele Menschen sehr viel verlangt. Wenn Sie nichts tun, werden Sie mit sich selbst konfrontiert und häufig mit den vielen Dingen, die Sie eigentlich nicht bedenken wollten.

Nichtstun ist etwas für Fortgeschrittene.

Pausen können zur Wartung, Instandhaltung und Reparatur genutzt werden. Das kann für Maschinen genauso gelten wie für Ihren Körper. Entspannen und erholen Sie sich mal wieder. Und machen Sie sich fit, setzen Sie Ihr Schiff instand, um auf aufkommende Gelegenheiten vorbereitet zu sein.

Wenn Vorbereitung auf Gelegenheit trifft, stellt sich Erfolg ein. Nutzen Sie also die Pausen, um sich vorzubereiten.

Der Zufall ist ein Helfer für die, die ihn nicht als Störung im Betriebsablauf ansehen.

In Phasen des Müßiggangs entspannt man, man wächst mental wie physisch. Es tauchen neue Gelegenheiten im Leben oder im Geschäft auf.

Fortgeschrittene genießen die Faulheit. Faulheit ist ja Ziel des Piratenlebens: zurück auf die Insel. Vielleicht ist dafür Faulheit nicht das treffendste Wort, wohl aber das am meisten provokante. „Weniger sinnvolle Arbeiten nicht zu verrichten, um sich auf die Dinge zu konzentrieren, die von größerer persönlicherer Wichtigkeit sind, ist nicht mit Faulheit gleichzusetzen", schreibt Timothy Ferris (2009) und tappt doch auch selbst in die Rechtfertigungsfalle: Seit wann ist es normal, dass wir immer produktiv sein müssen? Wer sagt, dass das unsere Daseinsberechtigung ist? Wir sind keine Maschinen, die zu „höher, schneller, weiter" verdammt sind. Wir dürfen – Jean-Paul Sartre würde sogar sagen, wir sind dazu verdammt – unsere Lebensziele selbst zu wählen. Erfolg ist dabei nicht immer im kapitalistischen Sinne zu verstehen.

 Erfolg ist, wenn Sie erreichen, was Sie für sich erreichen wollen.

Vielleicht müssen wir noch viel weiter gehen. Wenn wir unser Handeln immer auf zukünftige Erfolge ausrichten und keine vernünftige Balance zwischen zweckorientiertem Handeln und Müßiggang finden, erleben wir unser Leben wie einen Film, der abläuft. Wir sind wie auf Schienen, wir sind nie angekommen. Nicht mit uns selbst im Einklang. Nur wer sich im Jetzt und ungeschminkt, ohne Ziele, ohne Ablenkung aushält, kann überhaupt erfahren, wer er ist.

 Nur wer weiß, wer er ist und wo er steht, kann wissen, wo er hinwill.

Wahrscheinlich haben Sie von solchen Gedankengängen gehört, vielleicht im Zusammenhang mit Meditation. Diese Gedankengänge sind kein metaphysischer Hokuspokus. Sie sind eine Mischung aus gesundem Menschenverstand und dem Nutzen neurologischer Phänomene, die wissenschaftlich bereits gut erklärbar sind. In jedem Fall bedeuten diese Erkenntnisse, dass wir uns in einer Pause auf uns selbst besinnen müssen.

Wenn Sie Pausen als eine Unterbrechung der Arbeit sehen, dann geht es bei der Pause um Arbeit. Wenn die Unterbrechung ihre Zweckgebundenheit verliert, dann erfährt sie einen Sinn auf wesentlich höherem Niveau. Diese Königsklasse der Pause verdient eine eigene Bezeichnung. Sie toppt das Pausenkonzept und wird zum Müßiggang.

Alles, was das Leben wertvoll macht, geschieht zu einer Zeit, in der man sich Zeit lässt.

Essenz

- Das Wesentliche ist die Zeit auf der Insel.
- Pausen ermöglichen Wachstum und kreative Ideen.
- Der Masterplan Ihres Lebens entsteht in den Pausen.
- Pausen machen ist produktiv.
- Pause für Fortgeschrittene: Müßiggang, wenn die Unterbrechung die Zweckgebundenheit verliert.
- Alles, was das Leben wertvoll macht, geschieht zu einer Zeit, in der man sich Zeit lässt.

Literatur

Dobelli, R.: *Die Kunst des klaren Denkens.* Hanser, München 2011.

Ferriss, T.: *Die 4-Stunden-Woche.* Econ, Berlin 2009.

Wiseman, R.: *The Luck Factor.* Arrow Books, London 2004.

Glossar

- Ali Baba (Alibaba)

  Ali Baba: Figur aus der arabischen Erzählung aus der Sammlung *Tausend und eine Nacht* mit dem Titel „Ali Baba und die 40 Räuber".

  Alibaba Group: chinesisches IT-Unternehmen, vor allem durch die B2B-Plattform alibaba.com bekannt.

- Alleinstellungsmerkmal

  Herausragende Eigenschaft, die ein Produkt oder eine Dienstleistung vom Wettbewerb abhebt, englisch: unique selling proposition, USP.

- Beute

  Synonym für Erfolg, Ziel, Schatz, Gewinn, Prise.

- Blackbeard

  Blackbeard, Edward Teach (oder Thatch): um 1680–1718, englischer Piratenkapitän, bekannt für seinen langen Bart.

  Blackbeard: englischer Radiosender.

- Blaue Lagune

  Der Blue Ocean des Piraten.

- Blue Ocean

  Unberührter Markt, im Gegensatz zum gesättigten, stark umkämpften Markt (Red Ocean), nach *Blue Ocean Strategy* von W. Chan Kim und Renée Mauborgne.

- Branson, Sir Richard Charles Nicholas

  Geb. 1950, Gründer der Virgin Group, britischer Unternehmer und Abenteurer (Atlantiküberquerung mit Heißluftballon, Ärmelkanalüberquerung mittels Kitesurfen), lebt auf Necker Island, das zu den britischen Jungferninseln gehört.

- Buccaneer (Bukanier)

  Karibische Piraten. Anfang des 17. Jahrhunderts waren sie französische Siedler auf Hispaniola und den umgebenden Inseln. Später wurden sie Kaperfahrer im Dienst der englischen Krone.

  Buccaneer und Flibustier agierten im Gegensatz zu Korsaren nicht aus der europäischen Heimat, sondern waren ortsansässig.

- Bullet Journal

  Individuell gestalteter Kalender.

- Ceteris-paribus-Klausel

  Die Rahmenbedingungen sollen konstant bleiben, insbesondere bei Experimenten sollte nur eine Variable verändert werden, sodass die Veränderung, die durch diese hervorgerufen werden, gut beurteilt werden kann.

- Cirque du Soleil

  Kanadischer Zirkus mit Sitz in Montreal, gegründet 1984.

- Clausewitz, Carl Philipp Gottlieb von

  1780–1831, Heeresreformer und Militärwissenschaftler, Hauptwerk: *Vom Kriege*, unvollendet.

- Clever Fit

  Standortstärkste Unisex-Fitnesskette in Deutschland, die meisten Standorte sind im Franchise-Konzept betrieben.

- Cortés, Hernán de Monroy i Pizarro Altamirano

  1485–1547, spanischer Eroberer des Aztekenreiches, Generalgouverneur von Neuspanien (1521–1530).

■ Crowdfunding

Schwarmfinanzierung, Finanzierung einer Geschäftsidee über eine Vielzahl von einzelnen Geldgebern (Schwarm), meist über das Internet verwirklicht. Crowdfunding ermöglicht die Realisierung von Ideen auch ohne große Kapitalgeber.

■ Deep Work

Arbeiten ohne Ablenkung, Begriff geprägt von Cal Newport.

■ De Lussan, Raveneau

Geb. 1663, französischer Freibeuter.

■ Digital Natives oder digitale Ureinwohner

Menschen, die der Generation angehören, die in der digitalisierten Welt aufgewachsen sind. Sie gehen selbstverständlicher mit digitalen Tools um als ältere.

■ Do tank

Geht mit Aktionen, Prototypen und ersten Ergebnissen über den Ansatz der klassischen Denkfabrik (think tank) hinaus.

■ Drake, Sir Francis

Um 1540–1596, englischer Freibeuter, Weltumsegler, Admiral.

■ Drucker, Peter F.

1909–2005, in Wien geborener US-amerikanischer Managementdenker.

■ Dommermuth, Ralph

Geb. 1963, deutscher Unternehmer und Gründer von United Internet (1&1, GMX, web.de).

■ Ehre

Öffentliches Ansehen, Würde.

■ Entern

Auf ein Schiff eindringen, im Gegensatz zu kapern: ein Schiff in seine Gewalt bringen.

- Enzensberger, Alfred
Gründer der Fitnesskette Clever Fit.

- Ertragsversprechen
Erfolgsaussichten, oft im Verhältnis zum Risiko.

- Enterpreneurship
Abgeleitet aus Entrepreneurship: Unternehmertum, meist in Bezug auf Unternehmensgründungen bezogen.

- Failed State
Gescheiterter Staat, der seine Aufgaben, wie Sicherheit und Verwaltung, nicht mehr gewährleisten kann (Staatsversagen), Beispiele: Somalia, Südsudan.

- Free Rider
Trittbrettfahrer, Nutzer eines allgemeinen Gutes, ohne dafür eine Gegenleistung zu erbringen.

- Freibeuter
Ein Pirat, der durch einen Kaperbrief einer Regierung berechtigt ist, Schiffe anderer Nationen zu kapern.

- Fugger, Jakob von der Lilie, genannt „der Reiche"
1459–1525, Anfang des 16. Jahrhunderts bedeutendster Kaufmann und Bankier Europas aus Augsburg, ließ die erste Sozialsiedlung (Fuggerei) der Welt erbauen.

- Getty, J. Paul
1892–1976, US-amerikanischer Öl-Tycoon und Kunstmäzen.

- Glück
Erfreuliche Fügung des Schicksals, wenn es nicht vergeht, ist es kein Glück.

- Grimaldis
Die Familie Grimaldi stellt in direkter Erbfolge den regierenden Fürsten des Stadtstaates Monaco.

- Hidden Champion

  Unbekannte Weltmarktführer, ca. 3000 weltweit, Begriff Anfang der 1990er-Jahre von Prof. Hermann Simon geprägt.

- Ideenspeicher

  Ideen können hinderlich sein und kommen nie zum richtigen Zeitpunkt.

  Ausprägung: Excel Tabelle, Notizbuch, Evernote, Diktiergerät.

- IKEA

  Internationales Einrichtungshaus, 1943 in Schweden von Ingvar Kamprad gegründet, Umsatz: 34 Milliarden Euro (2016).

- Initiative

  Aktives Anstoßen von Veränderungen, im Gegensatz zu Kontinuierlichem Verbesserungsprozess oder Projekten.

  Schach: aktives Bestimmen des Spielverlaufs.

- Jolly Roger

  Totenkopfflagge, Name der Seeräuberflagge, Herkunft des Namens nicht geklärt.

- Kalanick, Travis Cordell

  Geb. 1976, Mitbegründer und bis 2017 CEO von Uber.

- Kamprad, Ingvar Feodor

  Geb. 1926–2018, schwedischer Gründer des Möbelkonzerns IKEA.

- Kapern

  Ein Schiff in seine Gewalt bringen, im Gegensatz zu entern: das Schiff stürmen.

- Kaperbrief

  Offizielles Dokument einer Regierung, das den Piraten legitimiert, Schiffe anderer Nationen anzugreifen. Die Beute durfte zumeist behalten werden, oder zumindest

Teile davon. Kaperfahrer waren bei Gefangennahme als Kriegsgefangene zu behandeln. Piraten fuhren oft unter dem Kaperbrief zur See, weil er sie schützte.

- Killerphrase

  Einwand, der dazu dient, kreative Prozesse zu beenden. Solche Argumente können weder belegt noch widerlegt werden und werden als eine Art Knüppel zwischen die Beine der Diskutanten geworfen. Ziel ist meist, dass alles so bleibt, wie es ist. Beispiel Beamtendreiklang: „Das haben wir schon immer so gemacht", „Da könnte ja jeder kommen" und: „Das haben wir noch nie so gemacht." Auch das TINA-Prinzip ist beliebt: „There is no alternative."

- Komplexität

  Viele verschiedene Faktoren eines Systems interagieren nach verschiedenen Regeln miteinander. Je mehr Faktoren es gibt oder je mehr Regeln, wie die Faktoren zusammenarbeiten, desto komplexer wird das System. Je komplexer ein System ist, desto schlechter ist es beherrschbar, weil niemand mehr voraussehen kann, was als Nächstes passiert. Große Organisationen leiden ebenso unter solcherart Defiziten wie komplizierte Computerprogramme. Alles muss auf alles abgestimmt sein, was, je komplexer ein System ist, zunehmend schwer ist und fehleranfällig macht.

- Kompetenz

  Sachverstand, Fähigkeiten.

- M&A

  Mergers & Acquisitions, umschreibt Aktivitäten im Bereich von Unternehmen, beispielsweise Verkäufe, Übernahmen, Fusionen.

- Matrix

  Ein Muster aus Punkten, beispielsweise in der Mathematik über Spalten und Zeilen verbunden, kann auch als Verbund verstanden werden.

- Make or buy

  Entscheidung zwischen der eigenen Fertigung oder Erbringung und dem Zukauf eines Produkts oder einer Dienstleistung.

- Monopol

  Alleiniges Recht eines Einzelnen, Marktsituation, in der es nur einen Anbieter für ein Produkt oder eine Dienstleistung gibt.

- Morgan, Sir Henry

  Um 1635–1688, Piratenkapitän, später geadelt und Vizegouverneur von Jamaika, die Rumsorte Captain Morgan wurde nach ihm benannt.

- Müßiggang

  Das Aufsuchen der Muße, wird oft mit Faulheit und Stillstand gleichgesetzt.

- Multitaskinghinterhalt

  Eine Falle, die einen denken lässt, dass man durch das gleichzeitige Abwickeln von mehreren Aufgaben effektiver ist und es weiterbringt.

- Panotii

  Volk aus der Fabelwelt mit langen Ohren, geeignet als Sonnen-, Regen- und Kälteschutz.

- Pareto, Vilfredo Federico

  1848–1923, italienischer Ingenieur und Soziologe.

  Das Pareto-Prinzip besagt, dass 80 % der Ergebnisse durch 20 % des Aufwandes erreicht werden.

- Pawlowsche Hunde

  Iwan Petrowitsch Pawlow, russischer Mediziner und Physiologe, unternahm die berühmt gewordenen Experimente zur klassischen Konditionierung mit Hunden. Dabei läutete er immer eine Glocke, bevor er die Versuchshunde fütterte. Nach kurzer Zeit ließ sich nachweisen, dass der Speichelfluss, der für die Nahrungsaufnahme natürlicherweise erhöht wird, wenn gefressen wird, alleine durch die Glocke angeregt werden konnte. Das Nervensystem der Hunde konnte alleine durch ein Geräusch zu einer Reaktion bewogen werden. Mit der Nahrungsaufnahme hatte die Reaktion der Hunde jetzt nichts mehr zu tun.

- Piratenkodex

  Regelwerk über das Zusammenleben auf Piratenschiffen, meist hatte jedes Schiff seinen eigenen Kodex, Regelumfang: Alkohol und Frauen an Bord, Glücksspiel, Verteilung der Beute.

- Piratenpartei

  Politische Bewegung zur Stärkung der Bürgerrechte und Liberalisierung der Eigentumsrechte. In Deutschland schaffte die Partei 2012 den Einzug in vier Länderparlamente, weitere Erfolge über 5 % blieben in Bund und Ländern seitdem aus.

- Pompeius (Gnaeus Pompeius Magnus)

  106–48 v. Chr., römischer Politiker und Feldherr, erfolgreich in den Piratenkriegen 67 v. Chr.

- Porter, Michael Eugene

  Geb. 1947, führender US-amerikanischer Wirtschaftswissenschaftler, bekannt beispielsweise für seine Wettbewerbsstrategie, Wertkette und Five Forces.

- Port Royal

  Hafenstadt und Rückzugsgebiet der Freibeuter auf Jamaika, zu Hochzeit einer der reichsten Städte der Welt, 1692 aufgrund eines Erdbebens zu großen Teilen ins Meer versunken, nie wieder zu alter Blüte zurückgekehrt, heute unbedeutend.

- Pretotyping

  Zwischen schriftlichem Konzept und ordentlichem Prototyp.

- Prototypengespräch

  Erstes Einholen eines Feedbacks, eventuell mit einem Kunden, ohne bereits ein komplettes Konzept oder eine ausgearbeitete Idee zu haben.

- Prise

  Beute einer Kaperfahrt.

- Privatpirat

  Unterscheidung zur Piratenorganisation.

- Regel

  Vorschrift, Richtlinie, gesellschaftliche Konvention, übliche Verfahrensweise, Gebot.

- Royal Navy

  Kriegsmarine des Vereinigten Königreiches.

- Schatzinsel

  Ruhestand, Rente, Briefkastenfirma, Aktiendepot.

- Seattle Supersonics

  US-amerikanisches Profi-Basketballteam, gegründet 1967, einziger NBA-Titel 1979, 2008 Umzug von Seattle nach Oklahoma City, danach neuer Name: Oklahoma City Thunder.

- Serendipität

  Entdeckung von etwas, das nicht gesucht wird, dessen Bedeutung erst im Nachhinein klar wird.

  Es handelt sich um einen Begriff, der erstmals 1754 auftauchte, aber erst in der zweiten Hälfte des 20. Jahrhunderts einen Aufschwung erfuhr und seine heutige Bedeutung erlangte. Sir Horace Walpole, der vierte Earl of Orford, bezeichnet in einem Brief das zufällige Auffinden eines Wappens in seiner Bibliothek als „serendipity". Das Wort hat er auf Basis eines Märchens über die Prinzen von Serendip, die auf ihren Reisen zahlreiche Entdeckungen machen, kurzerhand erfunden.

- Sozialer Bandit
  Umverteiler von Reich zu Arm, Beispiel: Robin Hood.
- Sparrow, Captain Jack
  Hauptfigur in der Filmreihe *Fluch der Karibik*, geb. um 1700, dargestellt von Johnny Depp, Kapitän der Black Pearl, bekannt für unlogische Sätze.
- Strategisches System
  Zusammenstellung der (Kern-)Kompetenzen einer Organisation, hier Person, um die Wettbewerbsvorteile der Gesamtorganisation herauszustellen. Auch als strategische Kompetenzen bezeichnet.
- Trump, Donald John
  Geb. 1946, Immobilienmagnat, Präsident der USA seit 2017.
- Uber
  Corporation, San Francisco, USA, Umsatz 6,5 Milliarden US-Dollar (2016), Dienstleistungsunternehmen im Bereich der Personenbeförderung.
- Umwertung aller Werte
  Die „Umwertung aller Werte" ist hier eine freie Interpretation von Nietzsches Nihilismus. Er konstatierte, dass die alten Werte seiner Zeit immer mehr an Wert verloren oder schlicht widerlegt wurden. Nietzsche will „einen neuen Sinn in das sinnlos Gewordene" legen. Er, der Antidemokrat, hat zumindest eines beizutragen: Werte sind relativ und beileibe nicht frei von Interessen. Das wiederum hat die Finanzkrise gezeigt. Auf den Märkten passierten damals Sachen, die niemand für möglich gehalten hätte. Alles, was man zu wissen glaubte, war tags darauf anders. Für viele war diese Umwertung aller Werte ein Absturz ins Ungewisse, man traute seiner eigenen Wahrnehmung nicht mehr, alte Strategien waren wertlos geworden.

- Vasa-Syndrom

  Kommunikationsproblem bei Innovationsprozessen und Projektmanagement, nach gesunkenem schwedischem Kriegsschiff benannt.

- Vexierbild

  Es handelt sich um Bilder, in denen sich andere Bilder verstecken. Zum Beispiel eine Landschaft, die wie das Profil eines Mannes aussieht. Je nach Blickwinkel erkennt der Betrachter erst die Landschaft oder erst das Profil des Mannes.

- Virgin Group

  Britischer Mischkonzern: Luftfahrtindustrie, Mobilfunk, Tourismus.

  1970 gründete Richard Branson als erstes Virgin-Unternehmen einen Schallplattenversand.

- Vorwerk

  Vorwerk & Co. KG, Wuppertal, Umsatz 3,1 Milliarden Euro (2016), Direktvertrieb hochwertiger Haushaltsprodukte.

Index

A

Alleinstellungsmerk-
    mal *76, 155*
Aussortieren *44*
Autorisieren *47*

B

Beute *57, 186*
Bildungsmonopol *27*
Biopiraterie *10*
Blackbeard *24*
Blue Ocean *11*
Branson, Richard *13,*
    23, 122, 173
Buccaneer *185*
Bullet Journal *109*

C

Ceteris-paribus-Klau-
    sel *101*
Chance *118, 122*
Cirque du Soleil *11*
Clausewitz, Carl
    von *96, 118, 190*
Clever Fit *77, 125, 192*
Crowdfunding *28*
Cyberspace *21*

D

Deep Work *41*
Dommermuth,
    Ralph *165*
Do tank *104*
Drake, Sir Francis *22,*
    128, 145, 178
Drucker, Peter F. *34,*
    121

E

Ehre *128, 142, 169, 176*
Einfachheit *73, 75, 81*
Entern *34, 59, 72, 128*
Enterpreneurship *136*
Enzensberger,
    Alfred *125*
Ertragsverspre-
    chen *134, 137, 168*

F

Failed State *20*
Fight Club *190*
Flexibilität *78, 98, 117,*
    120
Frechheit *131, 148, 194,*
    195
Free Rider *2*
Freibeuter *185*
Fugger, Jakob *179*

G

Gelegenheit *117, 118,*
    124, 203
Getty, J. Paul *60*
Gewaltenteilung *17*
Globalisierung *161*
Glück *115, 121, 122, 135*
Google *161*
Green Smoothie *53*
Grimaldis *15*

H

Held *127*
Hidden Champion *146*

I

Ideenspeicher *40*
IKEA *76, 130*
Initiative *52, 53*
Insel *200*

J

Jolly Roger *5, 37*

K

Kamprad, Ingvar *130*
Kaperbrief *185*
Kapern *34, 41, 48, 56,*
 59, 60
Kompetenz *155*
Kontinuierlicher Ver-
 besserungsprozess
 (KVP) *51*
Konzentration *96*

L

Lean *72*

M

Make or buy *194*
Monopol *22, 25, 152*
Moral *153, 169, 176*
Morgan, Henry *185*
Multitaskinghinter-
 halt *40*
Müßiggang *203*
Mut *127, 133, 135, 148*

N

Netzwerk *123*

O

Ordnungsmacht *19*

P

Pareto-Prinzip *57, 58,*
 99
Pause *201, 203*
Piratenchance *121, 122*
Piratenpartei *21*
Piratensender *5, 9*

Pirate Work *42*
Pompeius *144*
Porter, Michael E. *156*
Pretotyping *103*
Privatpirat *1, 130, 146,*
 171, 184
Prototypen-
 gespräch *98*
Psychopath *129*

R

Radikal *92, 163, 168,*
 169, 186
Regel *74, 78, 152, 153,*
 183, 189, 192
Reputation *128*
Risikobereit-
 schaft *115, 127*
Royal Navy *128, 177*
Rüstzeit, geistige *36*

S

Schlank *84*
Schnell *73, 81, 82, 98,*
 102, 104
Seattle Super-
 sonics *194*
Serendipität *118*
Somalia *20*
Sparrow, Jack *140*

T

Trump, Donald *141,*
 173

U

Uber *25*
Unberechenbar *194*

V

Vasa *99*
Virgin Group *7, 13, 23*
Vision *105*
VOC *22*
Vorwerk *135, 167*

Z

Zielbild *108*

Der Autor

Manfred Schmid ist selbständiger Unternehmensberater und Interim Manager. Der Maschinenbau- und Wirtschaftsingenieur war in Managementpositionen und als Geschäftsführer für verschiedene Hidden Champions tätig.

Zentrales Feld seiner Arbeit ist die nachhaltige Unternehmensentwicklung. Schwerpunkte bilden dabei das Supply Chain Management und die Optimierung des Geschäftsmodells.

Er moderiert Teams auf Managementebene, berät in Einzelcoachings und unterstützt bei Verhandlungen. Mit Hands-On-Mentalität und unkonventionellen Ansätzen gibt er mittelständischen und DAX-Unternehmen neue Impulse.

www.schmidmanfred.de